1일 10분 초등 메가 계산력

자기 주도 학습력을 기르는 1일 10분 공부 습관!

공부가 쉬워지는 힘, 자기 주도 학습력!

자기 주도 학습력은 스스로 학습을 계획하고, 계획한 대로 실행하고, 결과를 평가하는 과정에서 향상됩니다.
이 과정을 매일 반복하여 훈련하다 보면 주체적인 학습이 가능해지며 이는 곧 공부 자신감으로 연결됩니다.

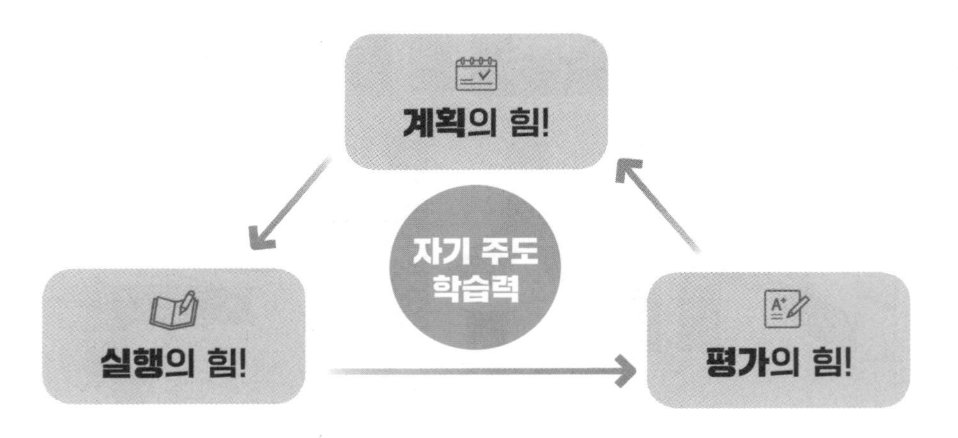

1일 10분 시리즈의 3단계 학습 로드맵

〈1일 10분〉 시리즈는 계획, 실행, 평가하는 3단계 학습 로드맵으로 자기 주도 학습력을 향상시킵니다.
또한 1일 10분씩 꾸준히 학습할 수 있는 **부담 없는 학습량으로 매일매일 공부 습관이 형성**됩니다.

1단계 학습 계획하기

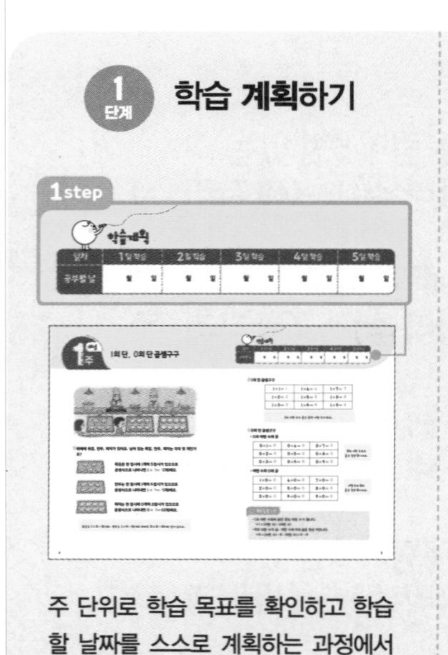

주 단위로 학습 목표를 확인하고 학습할 날짜를 스스로 계획하는 과정에서 자기 주도 학습력이 향상됩니다.

2단계 학습 실행하기

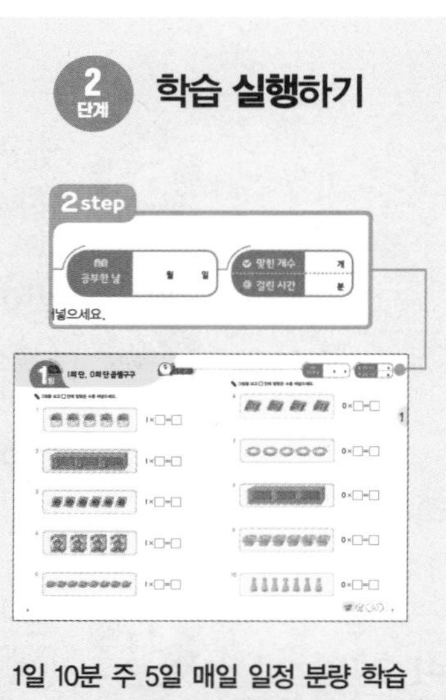

1일 10분 주 5일 매일 일정 분량 학습으로, 초등 학습의 기초를 탄탄하게 잡는 공부 습관이 형성됩니다.

3단계 결과 평가하기

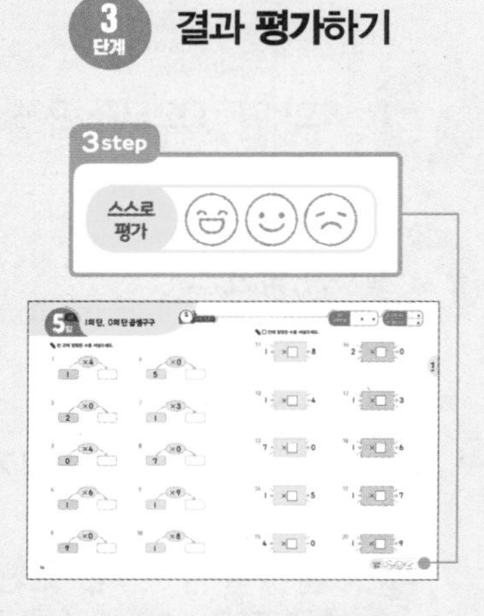

학습을 완료하고 계획대로 실행했는지 스스로 진단하며 성취감과 공부 자신감이 길러집니다.

구성과 특징

1일 10분
초등 메가 계산력

핵심 개념

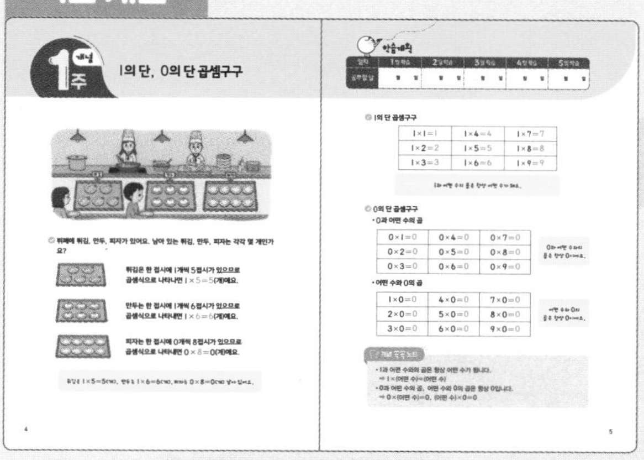

+ 교과서 개념을 바탕으로 연산 원리를 쉽고 재미있게 이해할 수 있습니다.

연산 연습과 반복

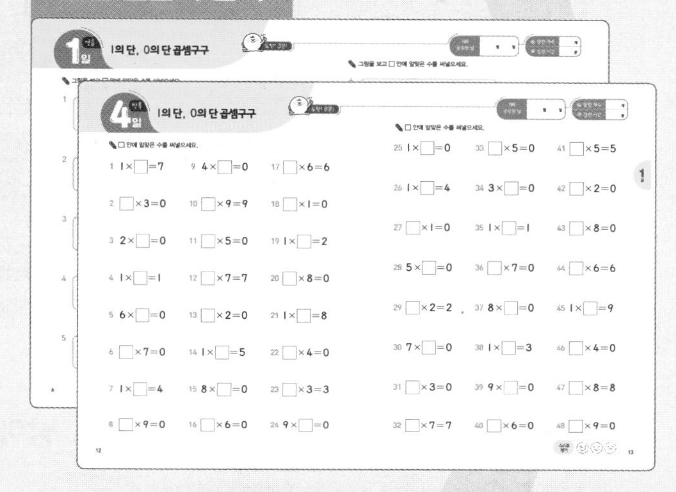

+ 1일 10분 매일 공부하는 습관으로 연산 실력을 키울 수 있습니다.

연산 응용 학습

+ 생각하며 푸는 연산으로 계산 원리를 완벽하게 이해할 수 있습니다.

생각 수학

+ 한 주 동안 공부한 연산을 활용한 문제로 수학적 사고력과 창의력을 키울 수 있습니다.

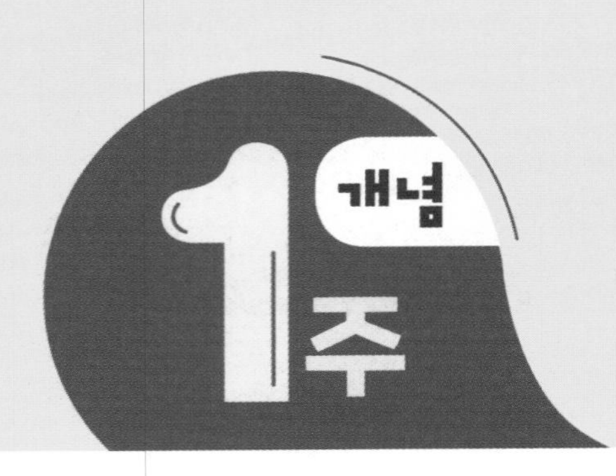

1의 단, 0의 단 곱셈구구

뷔페에 튀김, 만두, 피자가 있어요. 남아 있는 튀김, 만두, 피자는 각각 몇 개인가요?

튀김은 한 접시에 1개씩 5접시가 있으므로
곱셈식으로 나타나면 $1 \times 5 = 5$(개)예요.

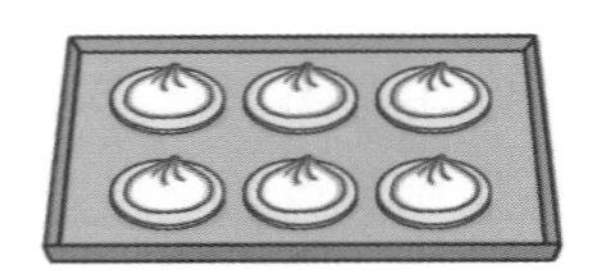

만두는 한 접시에 1개씩 6접시가 있으므로
곱셈식으로 나타내면 $1 \times 6 = 6$(개)예요.

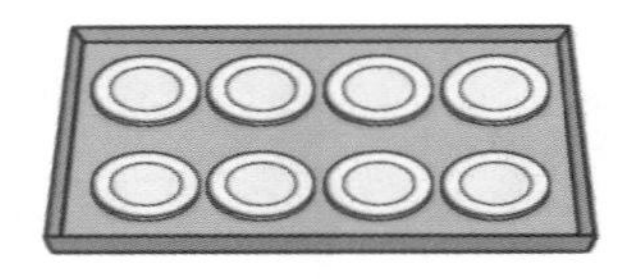

피자는 한 접시에 0개씩 8접시가 있으므로
곱셈식으로 나타내면 $0 \times 8 = 0$(개)예요.

튀김은 $1 \times 5 = 5$(개), 만두는 $1 \times 6 = 6$(개), 피자는 $0 \times 8 = 0$(개) 남아 있어요.

일차	1일 학습	2일 학습	3일 학습	4일 학습	5일 학습
공부할 날	월 일	월 일	월 일	월 일	월 일

1의 단 곱셈구구

$1 \times 1 = 1$	$1 \times 4 = 4$	$1 \times 7 = 7$
$1 \times 2 = 2$	$1 \times 5 = 5$	$1 \times 8 = 8$
$1 \times 3 = 3$	$1 \times 6 = 6$	$1 \times 9 = 9$

1과 어떤 수의 곱은 항상 어떤 수가 돼요.

0의 단 곱셈구구

• 0과 어떤 수의 곱

$0 \times 1 = 0$	$0 \times 4 = 0$	$0 \times 7 = 0$
$0 \times 2 = 0$	$0 \times 5 = 0$	$0 \times 8 = 0$
$0 \times 3 = 0$	$0 \times 6 = 0$	$0 \times 9 = 0$

0과 어떤 수와의 곱은 항상 0이에요.

• 어떤 수와 0의 곱

$1 \times 0 = 0$	$4 \times 0 = 0$	$7 \times 0 = 0$
$2 \times 0 = 0$	$5 \times 0 = 0$	$8 \times 0 = 0$
$3 \times 0 = 0$	$6 \times 0 = 0$	$9 \times 0 = 0$

어떤 수와 0의 곱은 항상 0이에요.

개념 쏙쏙 노트

• 1과 어떤 수와의 곱은 항상 어떤 수가 됩니다.
➡ $1 \times$(어떤 수)$=$(어떤 수)
• 0과 어떤 수의 곱, 어떤 수와 0의 곱은 항상 0입니다.
➡ $0 \times$(어떤 수)$=0$, (어떤 수)$\times 0=0$

I의 단, 0의 단 곱셈구구

그림을 보고 □ 안에 알맞은 수를 써넣으세요.

1

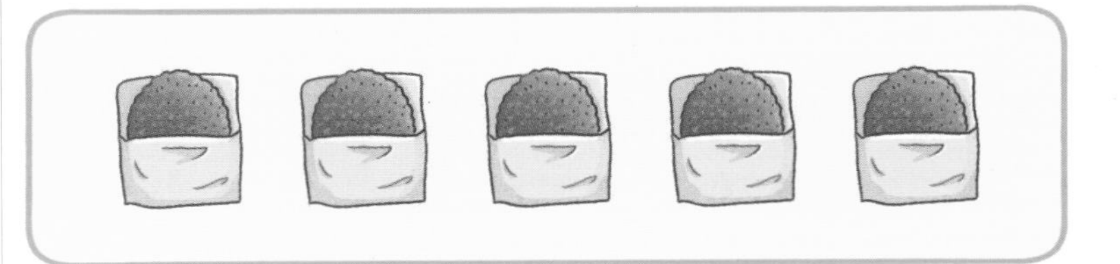

$1 \times \square = \square$

2

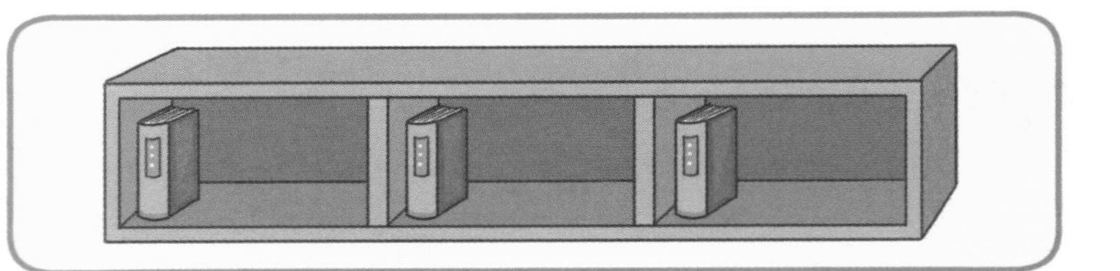

$1 \times \square = \square$

3

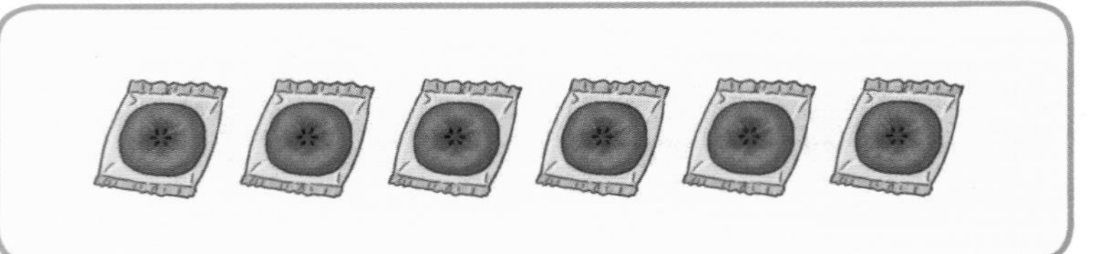

$1 \times \square = \square$

4

$1 \times \square = \square$

5

$1 \times \square = \square$

 그림을 보고 □ 안에 알맞은 수를 써넣으세요.

6

$0 \times \square = \square$

7

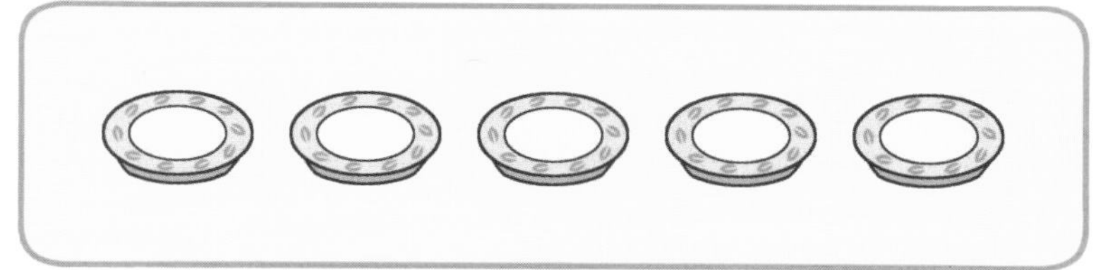

$0 \times \square = \square$

8

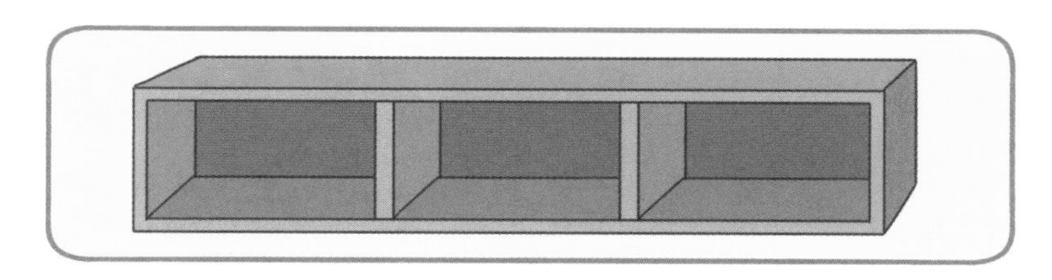

$0 \times \square = \square$

9

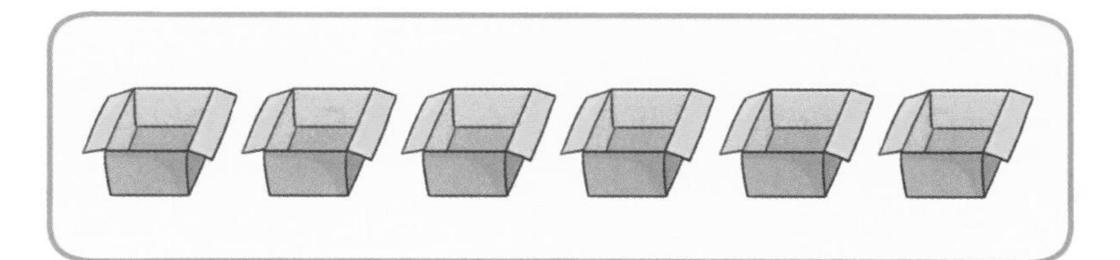

$0 \times \square = \square$

10

$0 \times \square = \square$

스스로 평가

2일 반복 1의 단, 0의 단 곱셈구구

계산해 보세요.

1 $0 \times 6 = \square$

2 $0 \times 3 = \square$

3 $1 \times 1 = \square$

4 $0 \times 7 = \square$

5 $8 \times 0 = \square$

6 $1 \times 5 = \square$

7 $4 \times 0 = \square$

8 $1 \times 9 = \square$

9 $0 \times 5 = \square$

10 $1 \times 3 = \square$

11 $5 \times 0 = \square$

12 $0 \times 1 = \square$

13 $1 \times 8 = \square$

14 $0 \times 9 = \square$

15 $0 \times 4 = \square$

16 $1 \times 4 = \square$

17 $0 \times 2 = \square$

18 $1 \times 7 = \square$

19 $0 \times 8 = \square$

20 $9 \times 0 = \square$

21 $1 \times 2 = \square$

22 $7 \times 0 = \square$

23 $1 \times 6 = \square$

24 $6 \times 0 = \square$

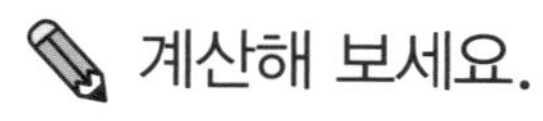
계산해 보세요.

25 $1 \times 8 = \square$

26 $0 \times 7 = \square$

27 $1 \times 1 = \square$

28 $9 \times 0 = \square$

29 $0 \times 4 = \square$

30 $1 \times 6 = \square$

31 $0 \times 9 = \square$

32 $6 \times 0 = \square$

33 $0 \times 5 = \square$

34 $1 \times 3 = \square$

35 $0 \times 2 = \square$

36 $0 \times 6 = \square$

37 $1 \times 5 = \square$

38 $0 \times 8 = \square$

39 $1 \times 9 = \square$

40 $7 \times 0 = \square$

41 $3 \times 0 = \square$

42 $1 \times 7 = \square$

43 $0 \times 1 = \square$

44 $1 \times 4 = \square$

45 $8 \times 0 = \square$

46 $0 \times 3 = \square$

47 $1 \times 2 = \square$

48 $5 \times 0 = \square$

스스로 평가

3일 반복 1의 단, 0의 단 곱셈구구

계산해 보세요.

1 $1 \times 2 = \square$

2 $5 \times 0 = \square$

3 $1 \times 5 = \square$

4 $0 \times 2 = \square$

5 $0 \times 7 = \square$

6 $1 \times 7 = \square$

7 $0 \times 4 = \square$

8 $0 \times 6 = \square$

9 $7 \times 0 = \square$

10 $1 \times 4 = \square$

11 $9 \times 0 = \square$

12 $0 \times 5 = \square$

13 $1 \times 3 = \square$

14 $0 \times 1 = \square$

15 $0 \times 9 = \square$

16 $1 \times 8 = \square$

17 $6 \times 0 = \square$

18 $1 \times 9 = \square$

19 $0 \times 3 = \square$

20 $1 \times 1 = \square$

21 $2 \times 0 = \square$

22 $8 \times 0 = \square$

23 $1 \times 6 = \square$

24 $1 \times 0 = \square$

계산해 보세요.

25 $0 \times 9 = \square$

26 $1 \times 1 = \square$

27 $0 \times 5 = \square$

28 $9 \times 0 = \square$

29 $1 \times 6 = \square$

30 $0 \times 3 = \square$

31 $4 \times 0 = \square$

32 $1 \times 8 = \square$

33 $0 \times 2 = \square$

34 $7 \times 0 = \square$

35 $1 \times 3 = \square$

36 $0 \times 6 = \square$

37 $1 \times 4 = \square$

38 $8 \times 0 = \square$

39 $1 \times 9 = \square$

40 $3 \times 0 = \square$

41 $1 \times 7 = \square$

42 $0 \times 4 = \square$

43 $1 \times 2 = \square$

44 $6 \times 0 = \square$

45 $0 \times 1 = \square$

46 $1 \times 5 = \square$

47 $5 \times 0 = \square$

48 $0 \times 7 = \square$

스스로 평가

1의 단, 0의 단 곱셈구구

□ 안에 알맞은 수를 써넣으세요.

1 $1\times\square=7$

2 $\square\times3=0$

3 $2\times\square=0$

4 $1\times\square=1$

5 $6\times\square=0$

6 $\square\times7=0$

7 $1\times\square=4$

8 $\square\times9=0$

9 $4\times\square=0$

10 $\square\times9=9$

11 $\square\times5=0$

12 $\square\times7=7$

13 $\square\times2=0$

14 $1\times\square=5$

15 $8\times\square=0$

16 $\square\times6=0$

17 $\square\times6=6$

18 $\square\times1=0$

19 $1\times\square=2$

20 $\square\times8=0$

21 $1\times\square=8$

22 $\square\times4=0$

23 $\square\times3=3$

24 $9\times\square=0$

□ 안에 알맞은 수를 써넣으세요.

25 $1 \times \square = 0$

26 $1 \times \square = 4$

27 $\square \times 1 = 0$

28 $5 \times \square = 0$

29 $\square \times 2 = 2$

30 $7 \times \square = 0$

31 $\square \times 3 = 0$

32 $\square \times 7 = 7$

33 $\square \times 5 = 0$

34 $3 \times \square = 0$

35 $1 \times \square = 1$

36 $\square \times 7 = 0$

37 $8 \times \square = 0$

38 $1 \times \square = 3$

39 $9 \times \square = 0$

40 $\square \times 6 = 0$

41 $\square \times 5 = 5$

42 $\square \times 2 = 0$

43 $\square \times 8 = 0$

44 $\square \times 6 = 6$

45 $1 \times \square = 9$

46 $\square \times 4 = 0$

47 $\square \times 8 = 8$

48 $\square \times 9 = 0$

스스로 평가

1의 단, 0의 단 곱셈구구

빈 곳에 알맞은 수를 써넣으세요.

1

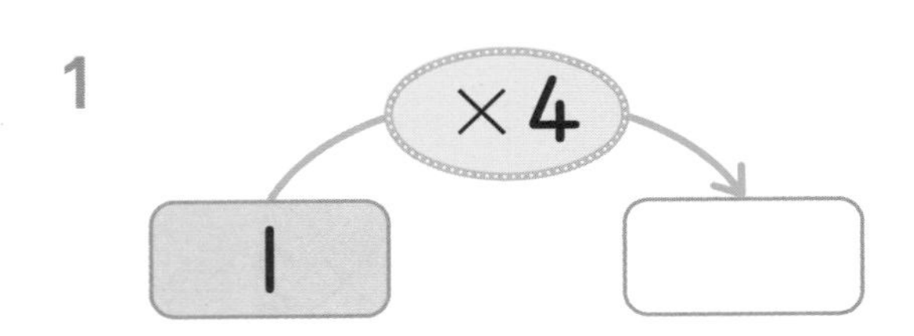

2

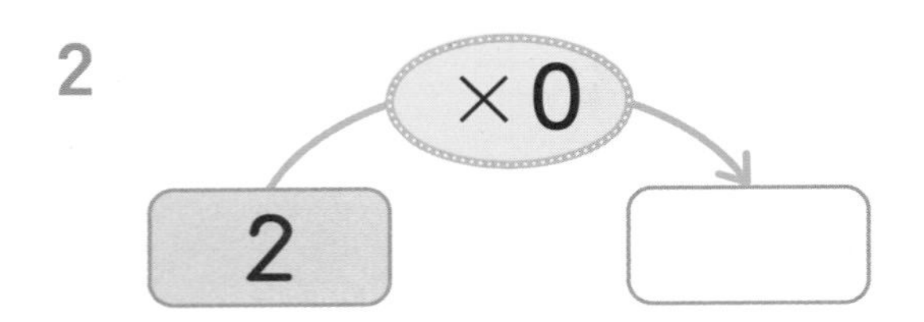

3

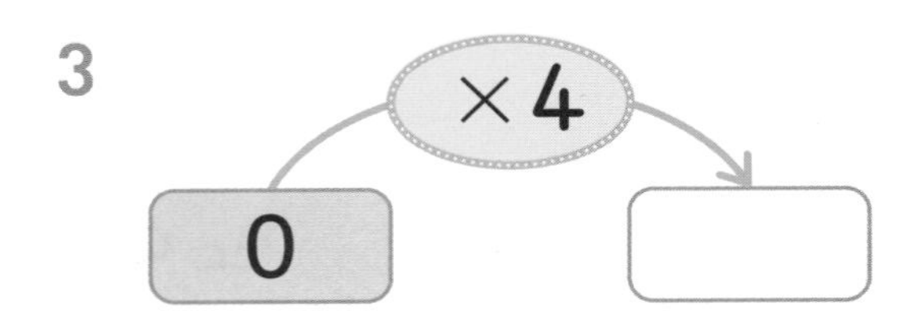

4

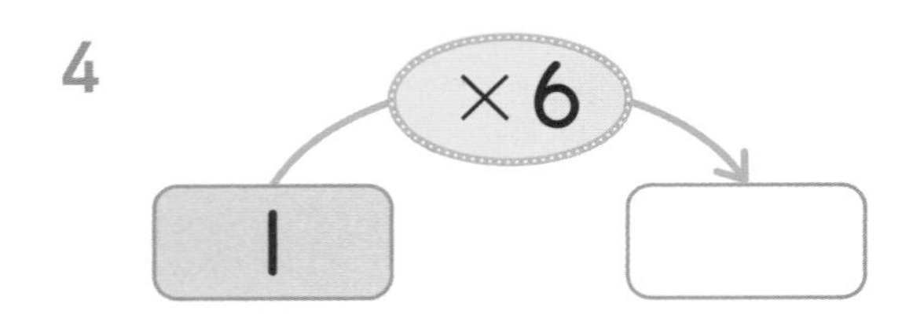

5

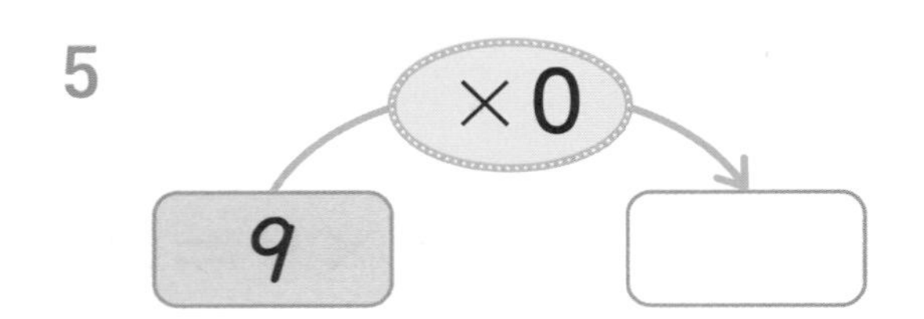

6

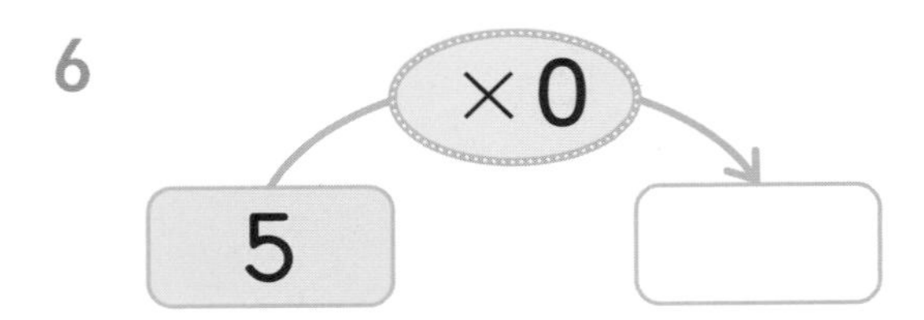

7

8

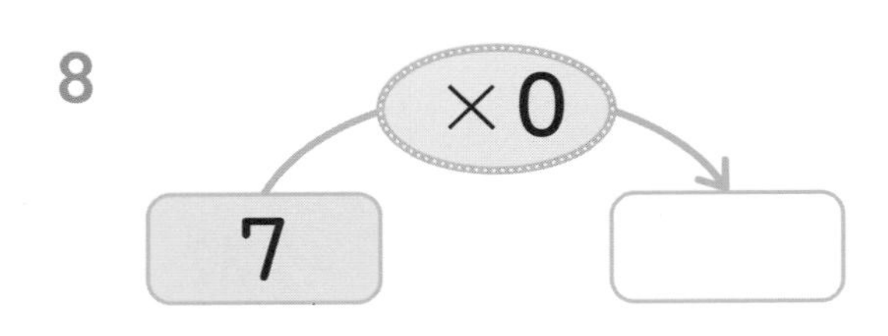

9

10

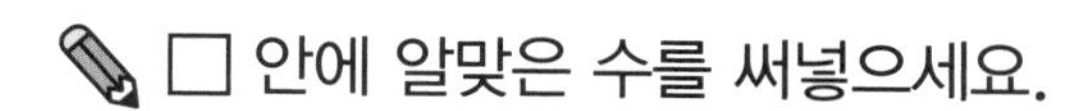

□ 안에 알맞은 수를 써넣으세요.

11
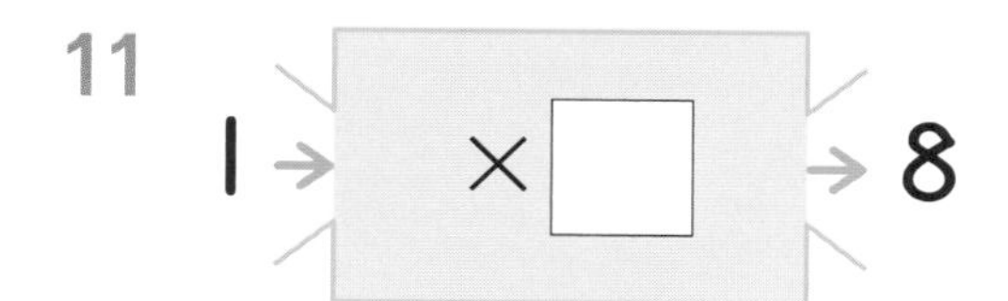
1 → × □ → 8

16 2 → × □ → 0

12 1 → × □ → 4

17 1 → × □ → 3

13 7 → × □ → 0

18 1 → × □ → 6

14 1 → × □ → 5

19 1 → × □ → 7

15 4 → × □ → 0

20
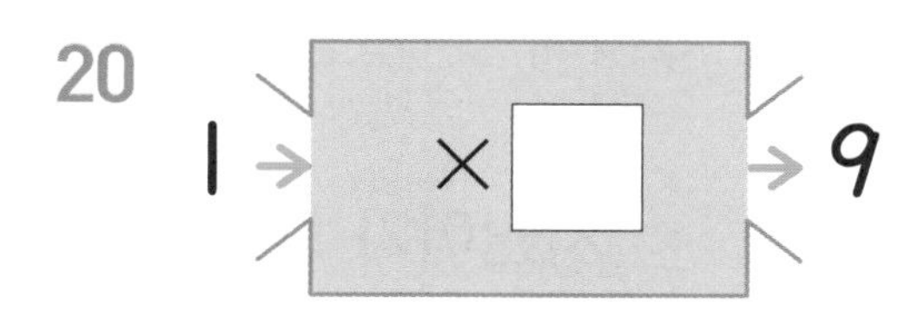
1 → × □ → 9

스스로 평가

지원이는 과녁에 화살을 던져 0점에 3번, 1점에 2번, 3점에 2번 맞혔습니다. 지원이가 얻은 점수는 모두 몇 점인지 구해 보세요.

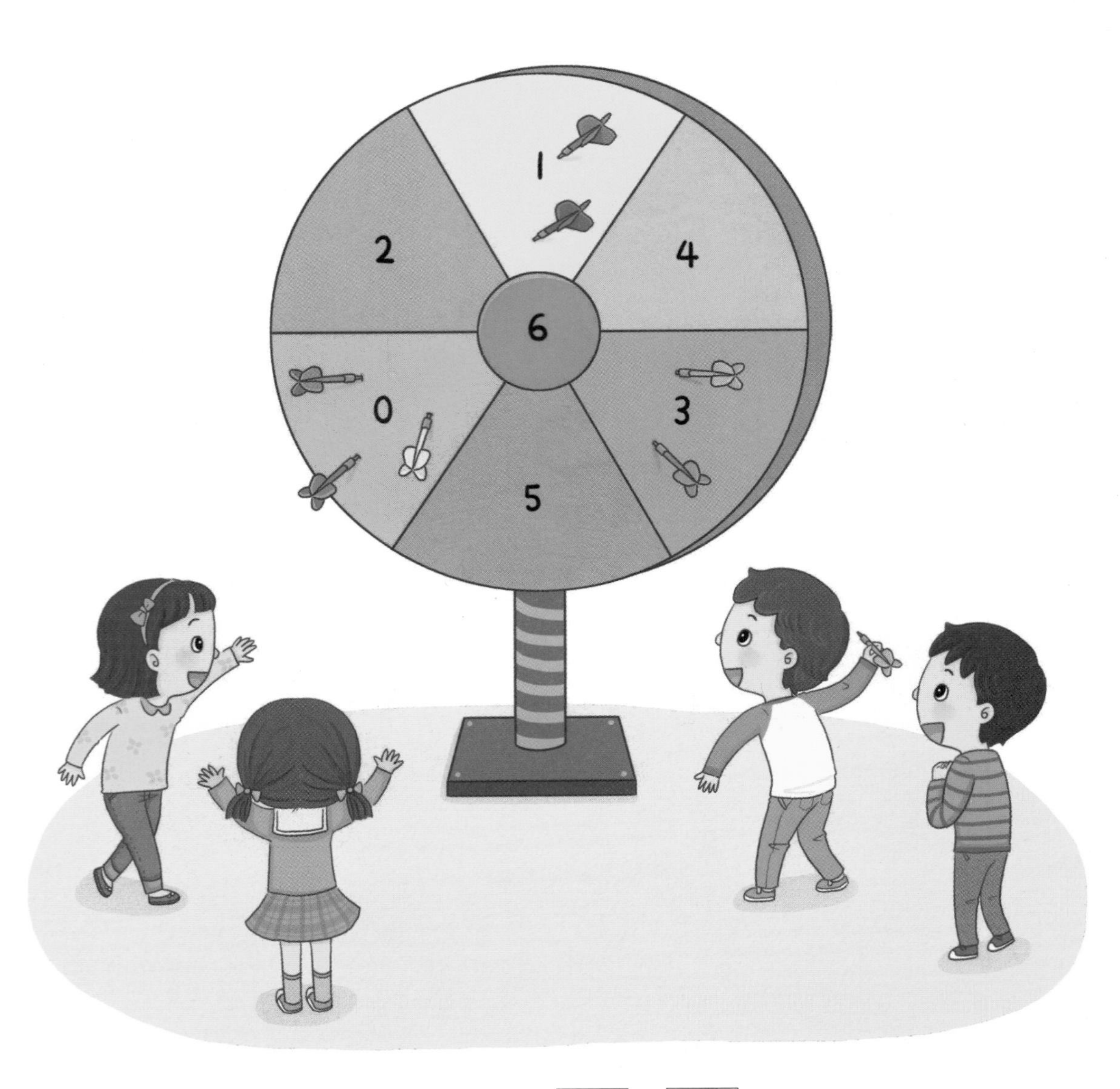

0점에 맞혀 얻은 점수: 0 × ☐ = ☐ (점)

1점에 맞혀 얻은 점수: 1 × ☐ = ☐ (점)

3점에 맞혀 얻은 점수: 3 × ☐ = ☐ (점)

➡ 지원이가 얻은 점수: ☐ + ☐ + ☐ = ☐ (점)

✎ 계산 결과가 0인 바구니에 🍎 붙임 딱지를 붙여 보세요. 붙임딱지

곱셈표

✔ **경수와 은정이는 곱셈표를 채우는 놀이를 해요. 곱셈표를 채워 보세요.**

×	2	3	4
5	10	15	20
6	12	18	24
7	14	21	28

$4 \times 5 = 20$

$4 \times 6 = 24$

$3 \times 7 = 21$

$2 \times 5 = 10$, $3 \times 5 = 15$,
$3 \times 6 = 18$이에요.

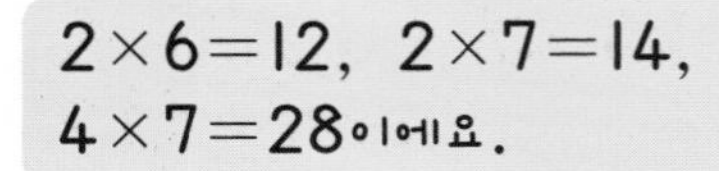

2의 단, 3의 단, 4의 단 곱셈구구를 이용하여 곱셈표를 완성해요.

일차	1일 학습	2일 학습	3일 학습	4일 학습	5일 학습
공부할 날	월 일	월 일	월 일	월 일	월 일

곱셈표

×	1	2	3	4	5	6	7	8	9
1	1	2	3	4	5	6	7	8	9
2	2	4	6	8	10	12	14	16	18
3	3	6	9	12	15	18	21	24	27
4	4	8	12	16	20	24	28	32	36
5	5	10	15	20	25	30	35	40	45
6	6	12	18	24	30	36	42	48	54
7	7	14	21	28	35	42	49	56	63
8	8	16	24	32	40	48	56	64	72
9	9	18	27	36	45	54	63	72	81

- □으로 둘러싸인 곳의 규칙 :

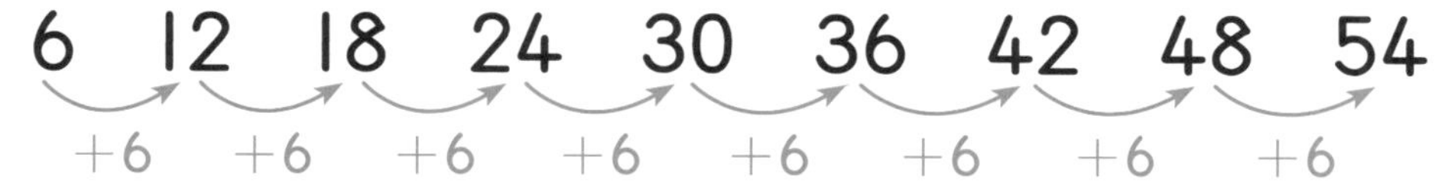

➡ **6씩 커지는 규칙이에요.** ← 6의 단 곱셈구구

- **□으로 둘러싸인 곳과 규칙이 같은 곳은 가로줄에 있는 8의 단 곱셈구구예요.**
- **으로 색칠된 부분을 접으면 같은 수끼리 만나요.**

개념 쏙쏙 노트

- 세로줄에 있는 수를 곱해지는 수, 가로줄에 있는 수를 곱하는 수로 하여 두 줄이 만나는 칸에 두 수의 곱을 씁니다.
- 곱셈표에서는 아래로 갈수록, 오른쪽으로 갈수록 수가 커집니다.

곱셈표

빈 곳에 알맞은 수를 써넣어 곱셈표를 완성해 보세요.

1

×	1	6
3		
4		

2

×	2	4
4		
9		

3

×	2	7
1		
5		

4

×	6	7
6		
8		

5

×	8	9
5		
7		

6

×	5	8
2		
7		

7

×	4	5
3		
5		

8

×	5	7
4		
7		

9

×	3	8
3		
4		

10

×	3	7
4		
9		

11

×	3	9
7		
6		

12

×	2	6
2		
7		

13

×	6	3
1		
5		

14

×	4	8
6		
8		

15

×	5	6
5		
7		

빈 곳에 알맞은 수를 써넣어 곱셈표를 완성해 보세요.

16

×	5	9
3		
4		

21

×	4	9
2		
7		

26

×	6	7
3		
8		

17

×	5	8
4		
9		

22

×	7	9
5		
6		

27

×	3	7
2		
7		

18

×	5	9
1		
5		

23

×	8	4
8		
9		

28

×	4	8
1		
5		

19

×	2	5
6		
8		

24

×	4	7
3		
4		

29

×	3	9
6		
8		

20

×	3	4
5		
7		

25

×	6	9
4		
9		

30

×	2	7
5		
7		

스스로 평가

곱셈표

빈 곳에 알맞은 수를 써넣어 곱셈표를 완성해 보세요.

1

×	1	4	7
2			
4			
6			

2

×	3	5	8
3			
6			
9			

3

×	4	6	9
4			
5			
6			

4

×	3	7	8
2			
3			
4			

5

×	2	6	8
3			
5			
7			

6

×	4	5	7
2			
4			
8			

7

×	3	8	9
6			
7			
8			

8

×	1	5	9
5			
7			
9			

빈 곳에 알맞은 수를 써넣어 곱셈표를 완성해 보세요.

9

×	3	4	6
4			
7			
8			

13

×	2	4	6
2			
3			
8			

10

×	1	6	8
3			
5			
9			

14

×	3	5	7
5			
6			
7			

11

×	3	7	9
2			
8			
9			

15

×	4	8	9
3			
8			
9			

12

×	2	5	9
4			
6			
8			

16

×	5	6	7
2			
5			
7			

스스로 평가

3일 반복 곱셈표

빈 곳에 알맞은 수를 써넣어 곱셈표를 완성해 보세요.

1

×	1	3	6
2			
4			
6			

2

×	4	8	9
3			
5			
7			

3

×	2	5	7
4			
6			
8			

4

×	3	4	6
2			
7			
9			

5

×	5	7	9
4			
5			
8			

6

×	3	8	9
3			
7			
9			

7

×	1	6	7
2			
6			
9			

8

×	4	5	8
3			
6			
8			

빈 곳에 알맞은 수를 써넣어 곱셈표를 완성해 보세요.

9

×	2	6	7
5			
6			
7			

10

×	4	5	9
2			
3			
4			

11

×	3	6	8
7			
8			
9			

12

×	5	7	9
3			
4			
5			

13

×	1	4	6
2			
4			
8			

14

×	3	8	9
5			
7			
9			

15

×	2	4	5
3			
6			
9			

16

×	3	7	8
2			
5			
8			

스스로 평가

곱셈표

빈 곳에 알맞은 수를 써넣어 곱셈표를 완성해 보세요.

1

×	1	4	6	8
2				
3				
5				
7				

4

×	3	5	7	8
4				
6				
8				
9				

2

×	3	5	7	9
4				
5				
6				
8				

5

×	4	5	6	9
2				
5				
7				
9				

3

×	2	4	6	8
2				
3				
7				
9				

6

×	1	3	7	9
3				
4				
6				
8				

빈 곳에 알맞은 수를 써넣어 곱셈표를 완성해 보세요.

7

×	2	4	7	9
2				
5				
8				
9				

10

×	1	3	6	8
3				
4				
6				
7				

8

×	3	5	6	8
3				
6				
7				
9				

11

×	3	4	7	8
2				
5				
6				
8				

9

×	4	5	7	9
2				
4				
5				
8				

12

×	2	5	6	9
3				
4				
7				
9				

스스로 평가

5일 응용

곱셈표

빈 곳에 알맞은 수를 써넣으세요.

1

×	1	2	3	4	5	6	7	8	9
3									

2

×	1	2	3	4	5	6	7	8	9
5									

3

×	1	2	3	4	5	6	7	8	9
8									

4

×	1	2	3	4	5	6	7	8	9
4									

5

×	1	2	3	4	5	6	7	8	9
7									

6

×	1	2	3	4	5	6	7	8	9
6									

빈 곳에 알맞은 수를 써넣어 곱셈표를 완성해 보세요.

×	0	1	2	3	4	5	6	7	8	9
0			0			0			0	
1	0			3				7		
2		2			8					18
3	0			9			18			
4			8			20		28		
5		5			20		30			
6	0		12						48	
7		7				35				63
8				24			48		64	
9					36			63		81

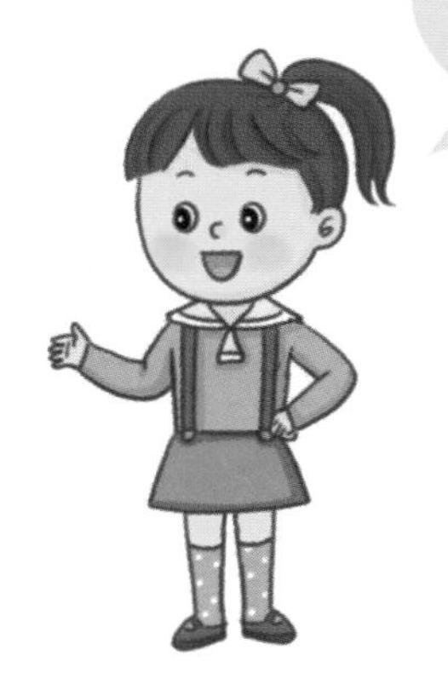

가로와 세로에 있는 수의 곱을 만나는 곳에 써요.

스스로 평가

곱셈표에서 곱이 다음과 같은 칸을 모두 찾아 알맞은 색의 붙임 딱지를 붙여 보세요. 붙임딱지

8	12	24
36	48	54

×	0	1	2	3	4	5	6	7	8	9
0										
1										
2										
3										
4										
5										
6										
7										
8										
9										

빈 곳에 알맞은 수를 써넣어 곱셈표를 완성해 보세요.

×	4	㉡6
㉠2	8	12
5	20	30

4×㉠=8이므로 ㉠=2예요.
㉡×5=30이므로 ㉡=6이에요.

1

×	3	
	12	20
8	24	40

2

×		9
3	6	27
		54

3

×		4	8
5	5		40
7		28	56
9			

4

×	6	
	18	21
9	54	63

5

×		9
4	20	
	40	72

6

×	5		9
	10		
3		21	
6		42	54

받아올림이 없는 (세 자리 수)＋(세 자리 수)

여학생 123명과 남학생 135명이 서커스를 보고 있어요. 서커스를 보고 있는 학생들은 모두 몇 명인가요?

① $\begin{array}{rrrr} & 1 & 2 & 3 \\ + & 1 & 3 & 5 \\ \hline & & & 8 \end{array}$ ➡ ② $\begin{array}{rrrr} & 1 & 2 & 3 \\ + & 1 & 3 & 5 \\ \hline & & 5 & 8 \end{array}$ ➡ ③ $\begin{array}{rrrr} & 1 & 2 & 3 \\ + & 1 & 3 & 5 \\ \hline & 2 & 5 & 8 \end{array}$

① 일의 자리에서 $3+5=8$이므로 일의 자리에 8을 써요.

② 십의 자리에서 $2+3=5$이므로 십의 자리에 5를 써요.

③ 백의 자리에서 $1+1=2$이므로 백의 자리에 2를 써요.

$123+135=258$이므로 서커스를 보고 있는 학생들은 모두 258명이에요.

학습계획

일차	1일 학습	2일 학습	3일 학습	4일 학습	5일 학습
공부할 날	월 일	월 일	월 일	월 일	월 일

세로셈

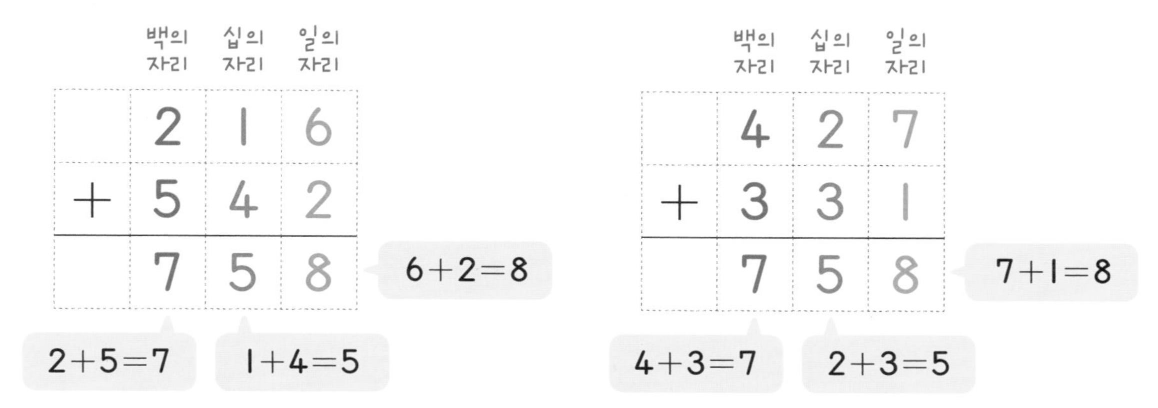

➡ **일의 자리 수끼리, 십의 자리 수끼리, 백의 자리 수끼리 더한 값을 일의 자리부터 차례로 써요.**

가로셈

$345+213=558$

	백의 자리	십의 자리	일의 자리
	3	4	5
+	2	1	3
	5	5	8

	백의 자리	십의 자리	일의 자리
	3	4	5
+	2	1	3
	6	6	6

(×)

같은 자리 수끼리 계산하지 않아서 틀렸어요. 같은 자리 수끼리 더해요.

개념 쏙쏙 노트

- 받아올림이 없는 (세 자리 수)+(세 자리 수)
  ① 일의 자리 수는 일의 자리 수끼리 더합니다.
  ② 십의 자리 수는 십의 자리 수끼리 더합니다.
  ③ 백의 자리 수는 백의 자리 수끼리 더합니다.

1일 연습

받아올림이 없는 (세 자리 수) + (세 자리 수)

계산해 보세요.

1
$$\begin{array}{r} 101 \\ +\ 323 \\ \hline \end{array}$$

2
$$\begin{array}{r} 231 \\ +\ 445 \\ \hline \end{array}$$

3
$$\begin{array}{r} 360 \\ +\ 328 \\ \hline \end{array}$$

4
$$\begin{array}{r} 503 \\ +\ 376 \\ \hline \end{array}$$

5
$$\begin{array}{r} 741 \\ +\ 155 \\ \hline \end{array}$$

6
$$\begin{array}{r} 122 \\ +\ 514 \\ \hline \end{array}$$

7
$$\begin{array}{r} 362 \\ +\ 105 \\ \hline \end{array}$$

8
$$\begin{array}{r} 452 \\ +\ 215 \\ \hline \end{array}$$

9
$$\begin{array}{r} 526 \\ +\ 133 \\ \hline \end{array}$$

10
$$\begin{array}{r} 817 \\ +\ 112 \\ \hline \end{array}$$

11
$$\begin{array}{r} 154 \\ +\ 312 \\ \hline \end{array}$$

12
$$\begin{array}{r} 361 \\ +\ 224 \\ \hline \end{array}$$

13
$$\begin{array}{r} 445 \\ +\ 321 \\ \hline \end{array}$$

14
$$\begin{array}{r} 690 \\ +\ 309 \\ \hline \end{array}$$

15
$$\begin{array}{r} 456 \\ +\ 433 \\ \hline \end{array}$$

 계산해 보세요.

16
$$\begin{array}{r} 126 \\ +\ 313 \\ \hline \end{array}$$

17
$$\begin{array}{r} 343 \\ +\ 212 \\ \hline \end{array}$$

18
$$\begin{array}{r} 436 \\ +\ 351 \\ \hline \end{array}$$

19
$$\begin{array}{r} 522 \\ +\ 275 \\ \hline \end{array}$$

20
$$\begin{array}{r} 426 \\ +\ 453 \\ \hline \end{array}$$

21
$$\begin{array}{r} 253 \\ +\ 412 \\ \hline \end{array}$$

22
$$\begin{array}{r} 198 \\ +\ 101 \\ \hline \end{array}$$

23
$$\begin{array}{r} 315 \\ +\ 322 \\ \hline \end{array}$$

24
$$\begin{array}{r} 555 \\ +\ 312 \\ \hline \end{array}$$

25
$$\begin{array}{r} 633 \\ +\ 345 \\ \hline \end{array}$$

26
$$\begin{array}{r} 857 \\ +\ 140 \\ \hline \end{array}$$

27
$$\begin{array}{r} 623 \\ +\ 132 \\ \hline \end{array}$$

28
$$\begin{array}{r} 233 \\ +\ 426 \\ \hline \end{array}$$

29
$$\begin{array}{r} 479 \\ +\ 410 \\ \hline \end{array}$$

30
$$\begin{array}{r} 410 \\ +\ 129 \\ \hline \end{array}$$

31
$$\begin{array}{r} 325 \\ +\ 172 \\ \hline \end{array}$$

32
$$\begin{array}{r} 453 \\ +\ 342 \\ \hline \end{array}$$

33
$$\begin{array}{r} 278 \\ +\ 321 \\ \hline \end{array}$$

스스로 평가

2일 반복

받아올림이 없는 (세 자리 수) + (세 자리 수)

계산해 보세요.

1

	1	0	6
+	2	1	2

6

	1	2	5
+	4	3	2

11

	1	3	2
+	2	0	7

2

	2	2	2
+	4	3	7

7

	3	2	3
+	1	0	4

12

	4	5	3
+	3	2	5

3

	3	8	1
+	5	1	1

8

	4	1	6
+	4	3	0

13

	5	0	2
+	3	5	4

4

	6	1	3
+	1	2	5

9

	6	6	2
+	2	1	2

14

	7	9	1
+	2	0	5

5

	7	7	2
+	1	2	1

10

	8	0	4
+	1	3	5

15

	4	2	4
+	3	2	5

 계산해 보세요.

16
$$\begin{array}{r} 4\ 0\ 1 \\ +\ 1\ 3\ 5 \\ \hline \end{array}$$

17
$$\begin{array}{r} 2\ 5\ 3 \\ +\ 4\ 2\ 0 \\ \hline \end{array}$$

18
$$\begin{array}{r} 5\ 5\ 3 \\ +\ 2\ 4\ 1 \\ \hline \end{array}$$

19
$$\begin{array}{r} 3\ 1\ 1 \\ +\ 3\ 4\ 2 \\ \hline \end{array}$$

20
$$\begin{array}{r} 1\ 6\ 1 \\ +\ 6\ 1\ 5 \\ \hline \end{array}$$

21
$$\begin{array}{r} 4\ 4\ 1 \\ +\ 2\ 3\ 6 \\ \hline \end{array}$$

22
$$\begin{array}{r} 5\ 0\ 6 \\ +\ 2\ 1\ 2 \\ \hline \end{array}$$

23
$$\begin{array}{r} 2\ 1\ 4 \\ +\ 5\ 4\ 4 \\ \hline \end{array}$$

24
$$\begin{array}{r} 6\ 1\ 2 \\ +\ 1\ 3\ 5 \\ \hline \end{array}$$

25
$$\begin{array}{r} 1\ 0\ 7 \\ +\ 4\ 6\ 1 \\ \hline \end{array}$$

26
$$\begin{array}{r} 4\ 3\ 2 \\ +\ 3\ 2\ 2 \\ \hline \end{array}$$

27
$$\begin{array}{r} 6\ 2\ 5 \\ +\ 3\ 6\ 0 \\ \hline \end{array}$$

28
$$\begin{array}{r} 3\ 6\ 2 \\ +\ 3\ 3\ 1 \\ \hline \end{array}$$

29
$$\begin{array}{r} 1\ 4\ 5 \\ +\ 6\ 2\ 1 \\ \hline \end{array}$$

30
$$\begin{array}{r} 4\ 1\ 2 \\ +\ 2\ 3\ 3 \\ \hline \end{array}$$

31
$$\begin{array}{r} 2\ 4\ 2 \\ +\ 5\ 2\ 0 \\ \hline \end{array}$$

32
$$\begin{array}{r} 3\ 4\ 5 \\ +\ 1\ 3\ 2 \\ \hline \end{array}$$

33
$$\begin{array}{r} 5\ 1\ 7 \\ +\ 4\ 5\ 2 \\ \hline \end{array}$$

스스로 평가

3일 반복 받아올림이 없는 (세 자리 수) + (세 자리 수)

계산해 보세요.

1 $111+327$

2 $234+412$

3 $815+144$

4 $782+116$

5 $409+320$

6 $853+132$

7 $517+271$

8 $832+143$

9 $602+236$

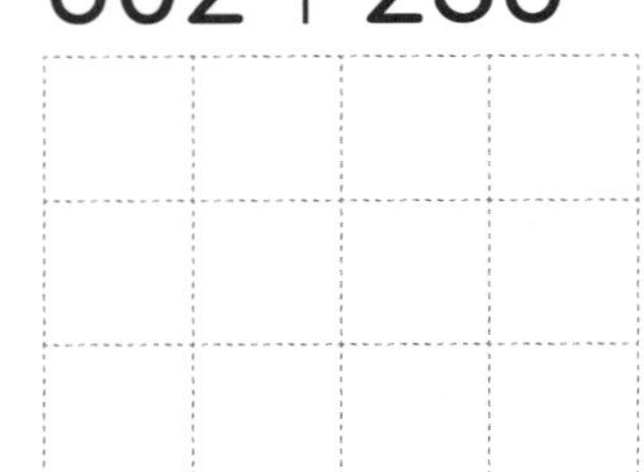

10 $716+223$

11 $647+142$

12 $322+345$

계산해 보세요.

13 121+135

14 334+251

15 167+412

16 223+603

17 353+632

18 112+677

19 243+235

20 206+432

21 421+121

22 252+503

23 517+411

24 177+212

25 234+432

26 533+136

27 312+353

28 145+223

29 212+251

30 133+512

31 260+431

32 153+711

33 423+325

받아올림이 없는 (세 자리 수)+(세 자리 수)

계산해 보세요.

1 $101+103$

2 $224+361$

3 $546+221$

4 $325+223$

5 $142+326$

6 $535+243$

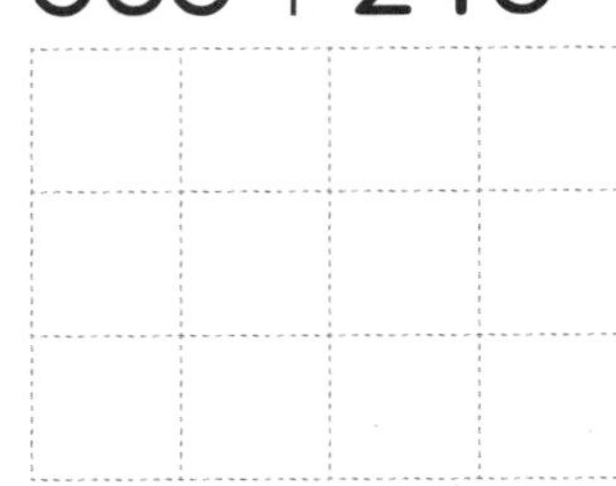

7 $162+514$

8 $728+261$

9 $342+157$

10 $425+320$

11 $738+250$

12 $641+142$

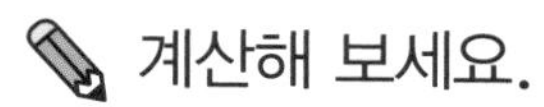
계산해 보세요.

13 $303+521$

14 $175+703$

15 $603+212$

16 $261+532$

17 $524+164$

18 $133+452$

19 $712+122$

20 $456+303$

21 $129+820$

22 $420+346$

23 $322+633$

24 $221+203$

25 $631+256$

26 $356+502$

27 $204+662$

28 $334+135$

29 $546+411$

30 $112+721$

31 $467+312$

32 $182+607$

33 $533+243$

스스로 평가

5일 응용 받아올림이 없는 (세 자리 수) + (세 자리 수)

빈 곳에 알맞은 수를 써넣으세요.

1

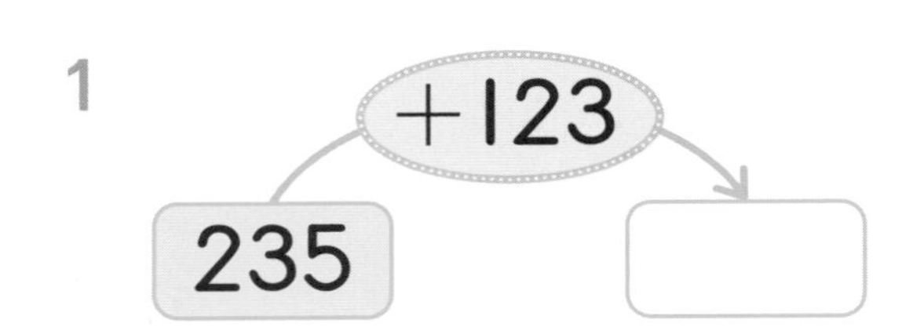

2

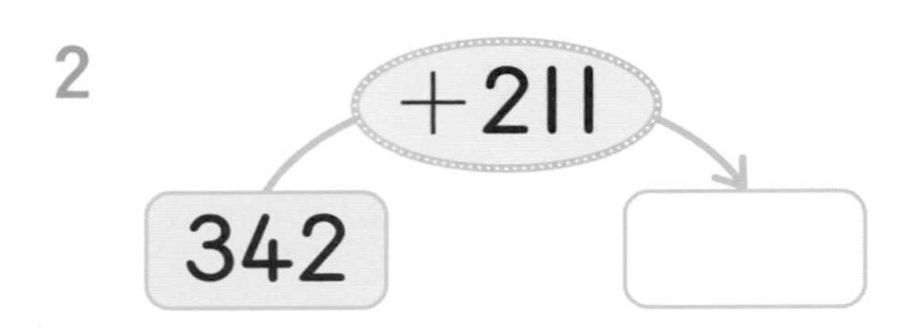

3

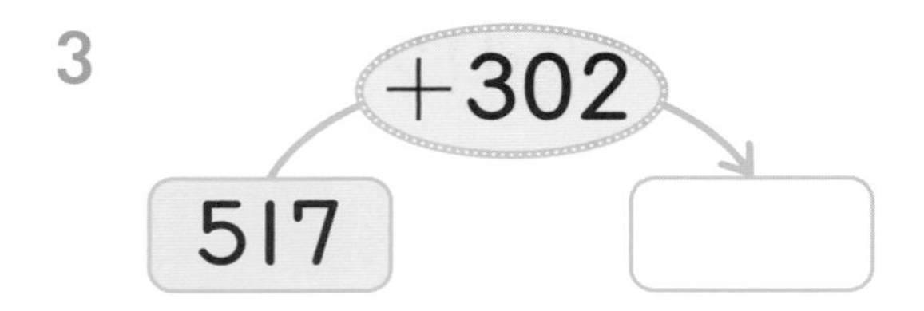

4

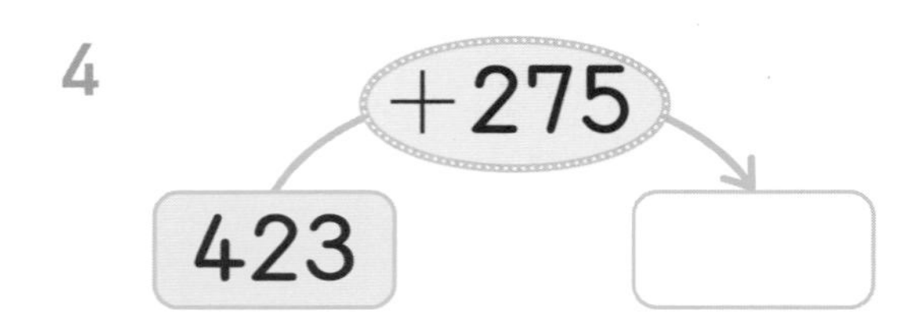

5

+352

135

6

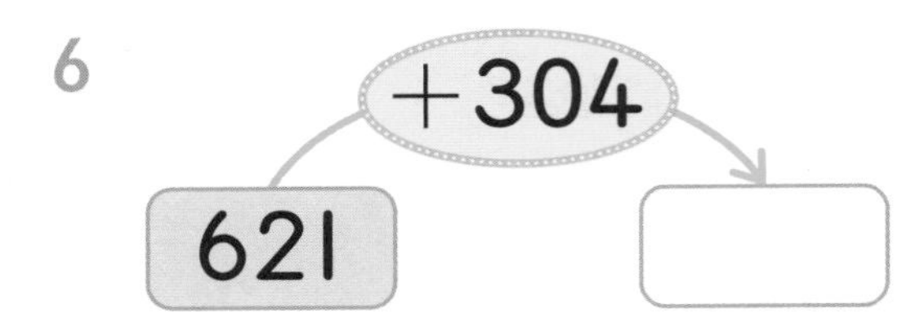

7

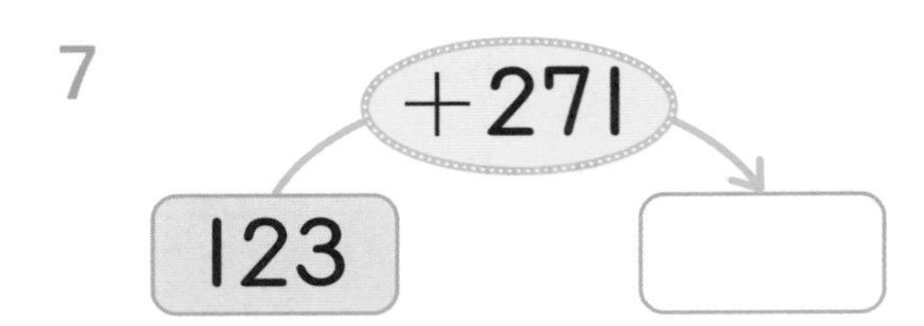

8

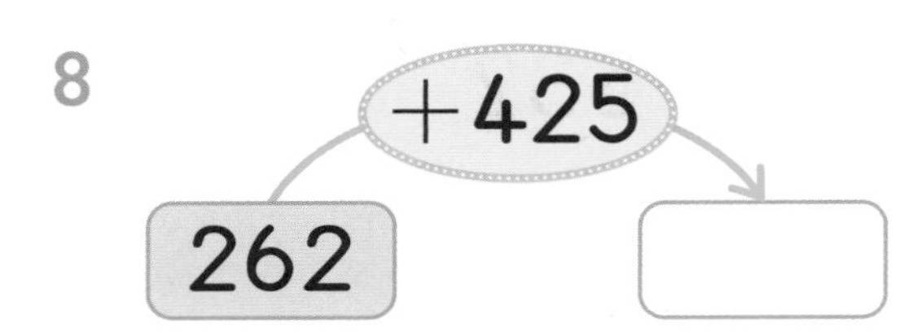

9

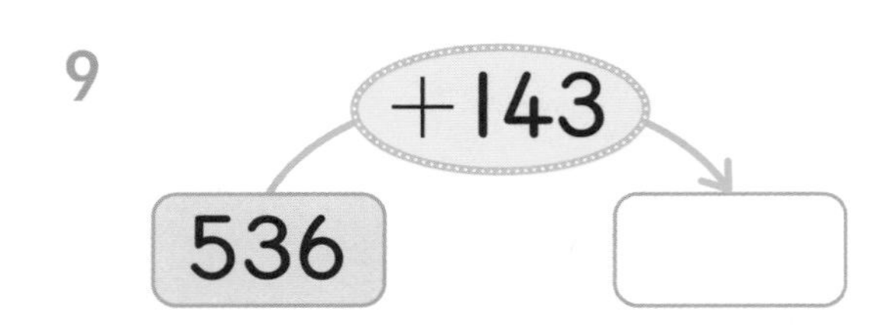

10

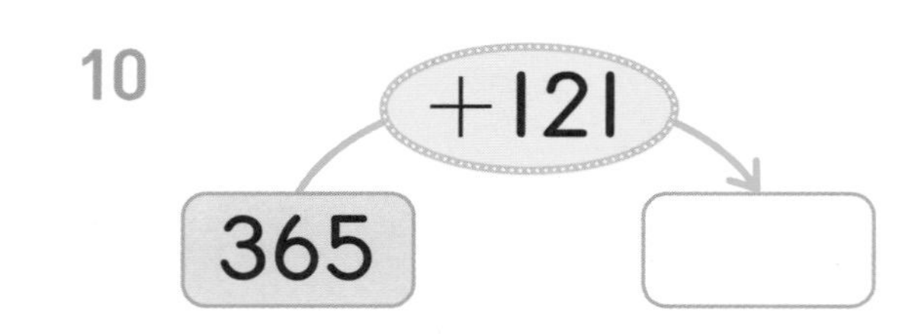

빈 곳에 두 수의 합을 써넣으세요.

11

573	214

12

142	313

13

381	403

14

715	123

15

177	201

16

471	412

17

632	252

18

435	261

19

267	510

20

324	341

스스로 평가

계산 결과를 찾아 알맞게 색칠해 보세요.

$264 + 312$	$613 + 235$	$452 + 335$	$352 + 527$	$153 + 241$

879

848

576

394

787

✎ 같은 도형에 쓰여 있는 수끼리의 합을 각각 구해 보세요.

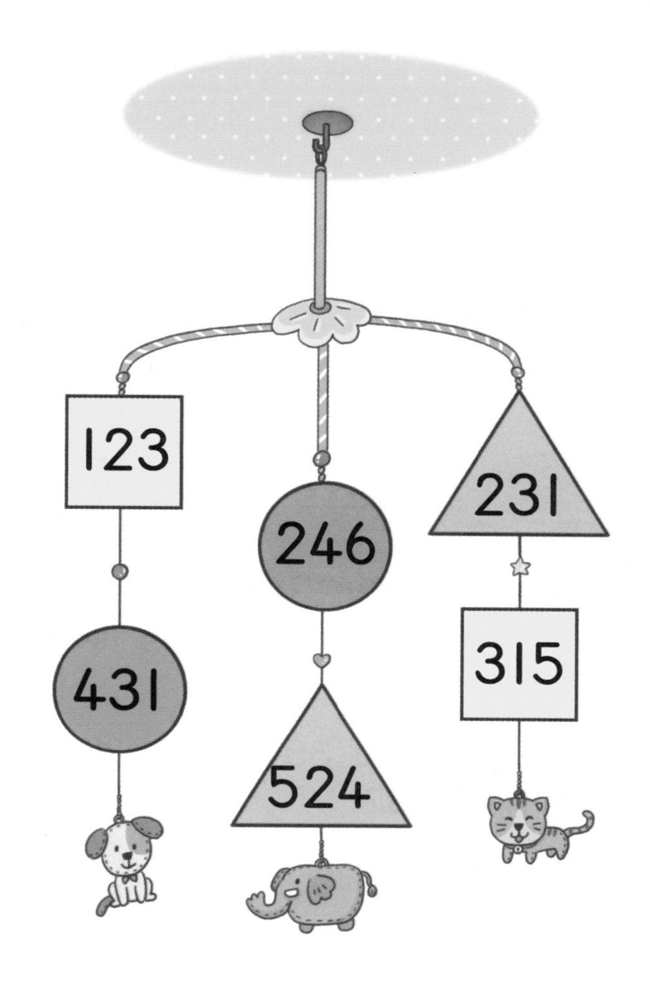

네 개의 선분으로 둘러싸인 도형을 사각형, 세 개의 선분으로 둘러싸인 도형을 삼각형, 곡선으로 둘러싸인 도형을 원이라고 해요.

□ : □ + □ = □

△ : □ + □ = □

○ : □ + □ = □

받아올림이 1번 있는 (세 자리 수)＋(세 자리 수)

과자 공장에서 과자를 어제는 258상자, 오늘은 337상자 만들었어요. 어제와 오늘 공장에서 만든 과자는 모두 몇 상자인가요?

① $\begin{array}{r} {\scriptstyle 1} \\ 258 \\ +\ 337 \\ \hline 5 \end{array}$ ➡ ② $\begin{array}{r} {\scriptstyle 1} \\ 258 \\ +\ 337 \\ \hline 95 \end{array}$ ➡ ③ $\begin{array}{r} {\scriptstyle 1} \\ 258 \\ +\ 337 \\ \hline 595 \end{array}$

① 8＋7＝15이므로 일의 자리에 5를 쓰고 1을 십의 자리로 받아올림해요.

② 받아올림한 1과 십의 자리 수를 더하면 1＋5＋3＝9이므로 십의 자리에 9를 써요.

③ 2＋3＝5이므로 백의 자리에 5를 써요.

258＋337＝595이므로 어제와 오늘 공장에서 만든 과자는 모두 595상자예요.

일차	1일 학습	2일 학습	3일 학습	4일 학습	5일 학습
공부할 날	월 일	월 일	월 일	월 일	월 일

일의 자리에서 받아올림이 있는 (세 자리 수)+(세 자리 수)

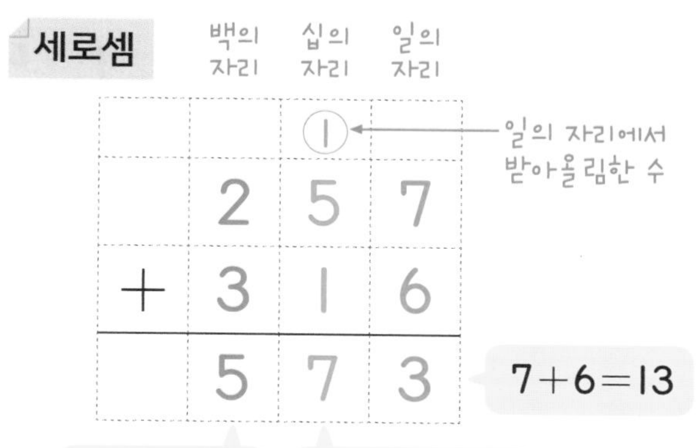

가로셈 $425+339=764$

		1	
	4	2	5
+	3	3	9
	7	6	4

➡ 일의 자리부터 차례로 계산하고 일의 자리 수끼리의 합이 10이거나 10보다 크면 십의 자리로 받아올림하여 계산해요.

십의 자리에서 받아올림이 있는 (세 자리 수)+(세 자리 수)

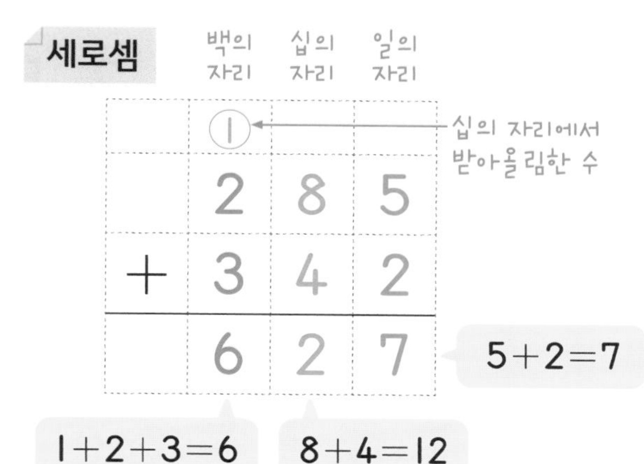

가로셈 $264+372=636$

	1		
	2	6	4
+	3	7	2
	6	3	6

➡ 십의 자리 수끼리의 합이 10이거나 10보다 크면 백의 자리로 받아올림하여 계산해요.

개념 쏙쏙 노트

- 받아올림이 1번 있는 (세 자리 수)+(세 자리 수)
  ① 일의 자리부터 차례로 같은 자리의 수끼리 더합니다.
  ② 같은 자리의 수끼리의 합이 10이거나 10보다 크면 바로 윗자리로 받아올림하여 계산합니다.

1일 연습

받아올림이 1번 있는 (세 자리 수) + (세 자리 수)

계산해 보세요.

1. $\begin{array}{r} 107 \\ +\ 233 \\ \hline \end{array}$

2. $\begin{array}{r} 673 \\ +\ 256 \\ \hline \end{array}$

3. $\begin{array}{r} 383 \\ +\ 324 \\ \hline \end{array}$

4. $\begin{array}{r} 562 \\ +\ 219 \\ \hline \end{array}$

5. $\begin{array}{r} 293 \\ +\ 212 \\ \hline \end{array}$

6. $\begin{array}{r} 471 \\ +\ 243 \\ \hline \end{array}$

7. $\begin{array}{r} 235 \\ +\ 217 \\ \hline \end{array}$

8. $\begin{array}{r} 637 \\ +\ 116 \\ \hline \end{array}$

9. $\begin{array}{r} 871 \\ +\ 109 \\ \hline \end{array}$

10. $\begin{array}{r} 524 \\ +\ 217 \\ \hline \end{array}$

11. $\begin{array}{r} 325 \\ +\ 158 \\ \hline \end{array}$

12. $\begin{array}{r} 859 \\ +\ 113 \\ \hline \end{array}$

13. $\begin{array}{r} 129 \\ +\ 254 \\ \hline \end{array}$

14. $\begin{array}{r} 453 \\ +\ 382 \\ \hline \end{array}$

15. $\begin{array}{r} 725 \\ +\ 193 \\ \hline \end{array}$

 계산해 보세요.

16 $$\begin{array}{r} 413 \\ +\ 268 \\ \hline \end{array}$$

17 $$\begin{array}{r} 217 \\ +\ 178 \\ \hline \end{array}$$

18 $$\begin{array}{r} 364 \\ +\ 473 \\ \hline \end{array}$$

19 $$\begin{array}{r} 546 \\ +\ 173 \\ \hline \end{array}$$

20 $$\begin{array}{r} 183 \\ +\ 362 \\ \hline \end{array}$$

21 $$\begin{array}{r} 615 \\ +\ 355 \\ \hline \end{array}$$

22 $$\begin{array}{r} 562 \\ +\ 182 \\ \hline \end{array}$$

23 $$\begin{array}{r} 834 \\ +\ 108 \\ \hline \end{array}$$

24 $$\begin{array}{r} 103 \\ +\ 569 \\ \hline \end{array}$$

25 $$\begin{array}{r} 763 \\ +\ 153 \\ \hline \end{array}$$

26 $$\begin{array}{r} 307 \\ +\ 217 \\ \hline \end{array}$$

27 $$\begin{array}{r} 691 \\ +\ 237 \\ \hline \end{array}$$

28 $$\begin{array}{r} 389 \\ +\ 207 \\ \hline \end{array}$$

29 $$\begin{array}{r} 164 \\ +\ 352 \\ \hline \end{array}$$

30 $$\begin{array}{r} 816 \\ +\ 116 \\ \hline \end{array}$$

31 $$\begin{array}{r} 588 \\ +\ 230 \\ \hline \end{array}$$

32 $$\begin{array}{r} 257 \\ +\ 414 \\ \hline \end{array}$$

33 $$\begin{array}{r} 473 \\ +\ 172 \\ \hline \end{array}$$

스스로 평가

2일 반복 받아올림이 1번 있는 (세 자리 수) + (세 자리 수)

계산해 보세요.

1
$$\begin{array}{r} 135 \\ +\ 247 \\ \hline \end{array}$$

2
$$\begin{array}{r} 426 \\ +\ 305 \\ \hline \end{array}$$

3
$$\begin{array}{r} 551 \\ +\ 209 \\ \hline \end{array}$$

4
$$\begin{array}{r} 373 \\ +\ 282 \\ \hline \end{array}$$

5
$$\begin{array}{r} 662 \\ +\ 229 \\ \hline \end{array}$$

6
$$\begin{array}{r} 641 \\ +\ 183 \\ \hline \end{array}$$

7
$$\begin{array}{r} 265 \\ +\ 572 \\ \hline \end{array}$$

8
$$\begin{array}{r} 844 \\ +\ 128 \\ \hline \end{array}$$

9
$$\begin{array}{r} 203 \\ +\ 479 \\ \hline \end{array}$$

10
$$\begin{array}{r} 826 \\ +\ 146 \\ \hline \end{array}$$

11
$$\begin{array}{r} 392 \\ +\ 256 \\ \hline \end{array}$$

12
$$\begin{array}{r} 732 \\ +\ 193 \\ \hline \end{array}$$

13
$$\begin{array}{r} 159 \\ +\ 160 \\ \hline \end{array}$$

14
$$\begin{array}{r} 448 \\ +\ 412 \\ \hline \end{array}$$

15
$$\begin{array}{r} 572 \\ +\ 193 \\ \hline \end{array}$$

계산해 보세요.

16 $\begin{array}{r} 4\ 2\ 5 \\ +\ 2\ 4\ 7 \\ \hline \end{array}$

17 $\begin{array}{r} 6\ 0\ 3 \\ +\ 1\ 8\ 9 \\ \hline \end{array}$

18 $\begin{array}{r} 2\ 6\ 2 \\ +\ 5\ 5\ 4 \\ \hline \end{array}$

19 $\begin{array}{r} 5\ 1\ 9 \\ +\ 3\ 0\ 8 \\ \hline \end{array}$

20 $\begin{array}{r} 1\ 7\ 8 \\ +\ 3\ 6\ 0 \\ \hline \end{array}$

21 $\begin{array}{r} 7\ 1\ 7 \\ +\ 1\ 5\ 6 \\ \hline \end{array}$

22 $\begin{array}{r} 8\ 0\ 6 \\ +\ 1\ 5\ 9 \\ \hline \end{array}$

23 $\begin{array}{r} 3\ 5\ 2 \\ +\ 2\ 7\ 3 \\ \hline \end{array}$

24 $\begin{array}{r} 1\ 1\ 5 \\ +\ 6\ 1\ 8 \\ \hline \end{array}$

25 $\begin{array}{r} 4\ 0\ 5 \\ +\ 1\ 6\ 8 \\ \hline \end{array}$

26 $\begin{array}{r} 2\ 8\ 3 \\ +\ 1\ 8\ 5 \\ \hline \end{array}$

27 $\begin{array}{r} 8\ 2\ 8 \\ +\ 1\ 2\ 3 \\ \hline \end{array}$

28 $\begin{array}{r} 7\ 3\ 5 \\ +\ 2\ 3\ 5 \\ \hline \end{array}$

29 $\begin{array}{r} 2\ 4\ 6 \\ +\ 3\ 2\ 8 \\ \hline \end{array}$

30 $\begin{array}{r} 5\ 9\ 5 \\ +\ 2\ 3\ 1 \\ \hline \end{array}$

31 $\begin{array}{r} 6\ 8\ 1 \\ +\ 2\ 9\ 4 \\ \hline \end{array}$

32 $\begin{array}{r} 1\ 9\ 3 \\ +\ 3\ 7\ 1 \\ \hline \end{array}$

33 $\begin{array}{r} 3\ 7\ 4 \\ +\ 2\ 3\ 2 \\ \hline \end{array}$

스스로 평가

3일 반복 받아올림이 1번 있는 (세 자리 수)+(세 자리 수)

계산해 보세요.

1 $277+118$

2 $364+226$

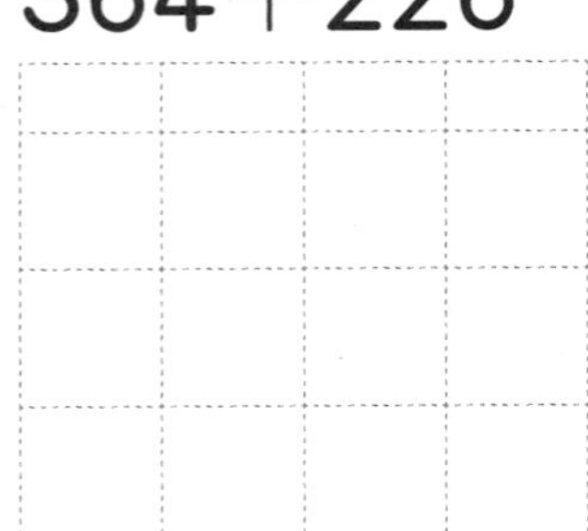

3 $762+128$

4 $182+134$

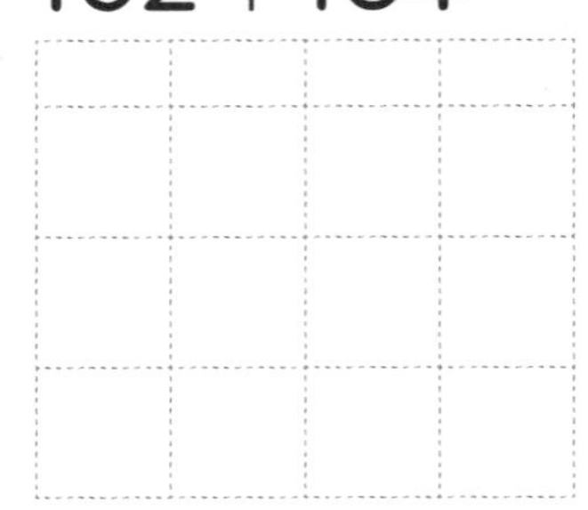

5 $614+238$

6 $836+105$

7 $506+327$

8 $652+271$

9 $548+170$

10 $167+206$

11 $746+135$

12 $256+371$

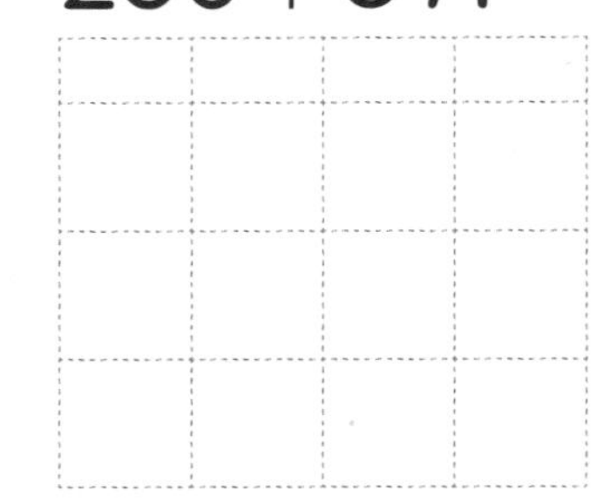

계산해 보세요.

13 $878+114$

14 $457+315$

15 $235+427$

16 $707+129$

17 $523+318$

18 $148+270$

19 $674+193$

20 $720+194$

21 $328+412$

22 $638+159$

23 $127+625$

24 $854+137$

25 $747+134$

26 $492+421$

27 $652+261$

28 $278+603$

29 $507+259$

30 $349+218$

31 $436+314$

32 $293+221$

33 $784+165$

스스로 평가

4일 반복

받아올림이 1번 있는 (세 자리 수)＋(세 자리 수)

계산해 보세요.

1 624＋239

2 357＋515

3 178＋415

4 751＋194

5 224＋358

6 772＋135

7 512＋279

8 247＋317

9 481＋234

10 112＋528

11 603＋158

12 339＋425

공부한 날 월 일

맞힌 개수 개

걸린 시간 분

계산해 보세요.

13 $868+114$

14 $224+217$

15 $624+226$

16 $536+238$

17 $157+714$

18 $660+252$

19 $502+389$

20 $481+233$

21 $337+416$

22 $793+114$

23 $207+426$

24 $751+162$

25 $391+368$

26 $846+128$

27 $572+241$

28 $136+528$

29 $447+315$

30 $647+304$

31 $316+427$

32 $553+172$

33 $779+107$

5일 응용

받아올림이 1번 있는 (세 자리 수) + (세 자리 수)

빈 곳에 알맞은 수를 써넣으세요.

1. 256 → +135 → ☐

2. 762 → +175 → ☐

3. 517 → +238 → ☐

4. 374 → +362 → ☐

5. 608 → +119 → ☐

6. 564 → +263 → ☐

7. 812 → +139 → ☐

8. 137 → +471 → ☐

9. 725 → +193 → ☐

10. 428 → +514 → ☐

 빈 곳에 두 수의 합을 써넣으세요.

11

328	
237	

16

592	
234	

12

463	
381	

17

804	
116	

13

734	
148	

18

158	
436	

14

283	
661	

19

672	
234	

15

183	
240	

20

483	
331	

스스로 평가

4주 생각 수학

계산 결과가 같은 친구끼리 선으로 이어 보세요.

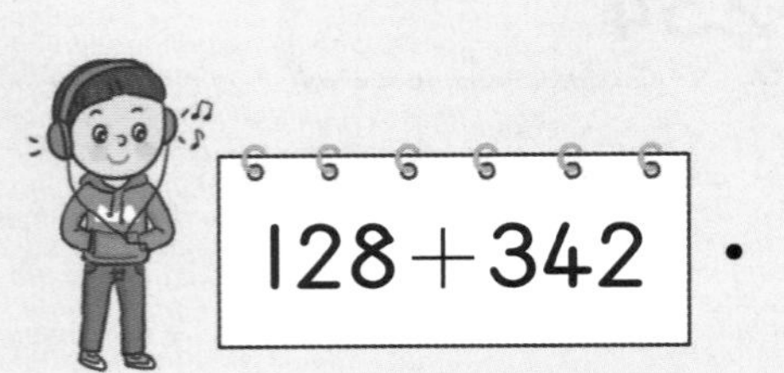

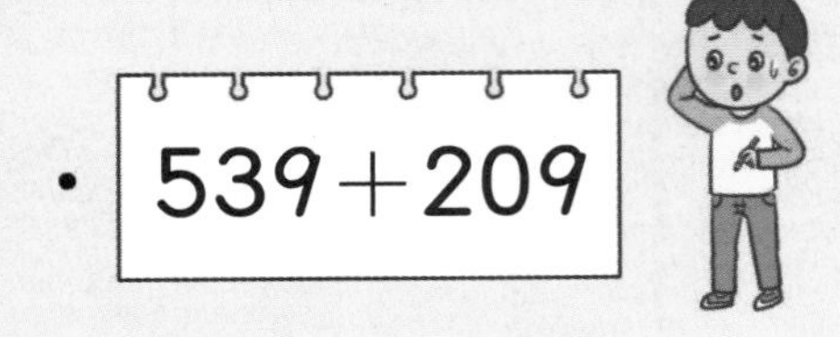

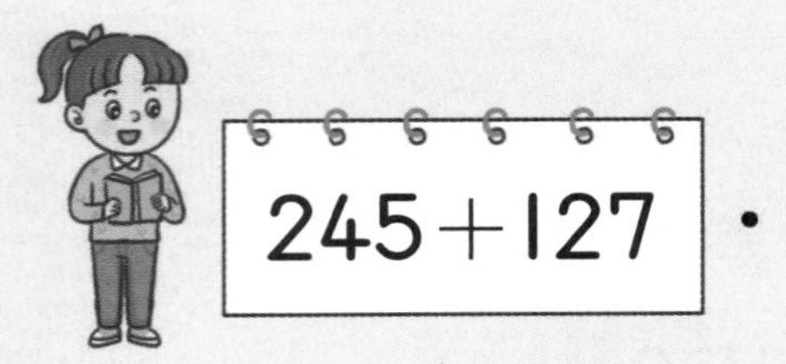

487＋261

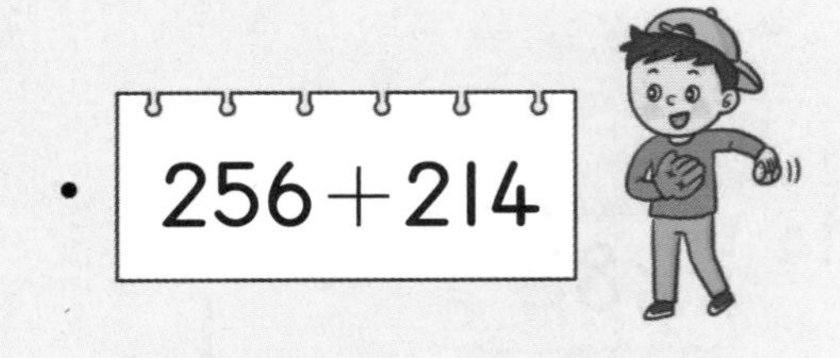

386＋273

✎ 윤기와 서연이는 각각 수 카드 2장을 골라 두 수를 더하여 가장 큰 수와 가장 작은 수를 만들려고 해요. □ 안에 알맞은 수 카드 붙임 딱지를 붙이고 계산해 보세요. 붙임딱지

받아올림이 2번 있는 (세 자리 수) + (세 자리 수)

동물원에 사람이 어제는 487명이 왔고, 오늘은 어제보다 256명이 더 많이 왔어요. 오늘 동물원에 온 사람은 모두 몇 명인가요?

①

		1	
	4	8	7
+	2	5	6
			3

➡ ②

	1	1	
	4	8	7
+	2	5	6
		4	3

➡ ③

	1	1	
	4	8	7
+	2	5	6
	7	4	3

① $7+6=13$이므로 일의 자리에 3을 쓰고 1을 십의 자리로 받아올림해요.

② 받아올림한 1과 십의 자리 수를 더하면 $1+8+5=14$이므로 십의 자리에 4를 쓰고 1을 백의 자리로 받아올림해요.

③ 받아올림한 1과 백의 자리 수를 더하면 $1+4+2=7$이므로 백의 자리에 7을 써요.

$487+256=743$이므로 오늘 동물원에 온 사람은 모두 743명이에요.

일차	1일 학습	2일 학습	3일 학습	4일 학습	5일 학습
공부할 날	월 일	월 일	월 일	월 일	월 일

일의 자리와 십의 자리에서 올림이 있는 (세 자리 수)+(세 자리 수)

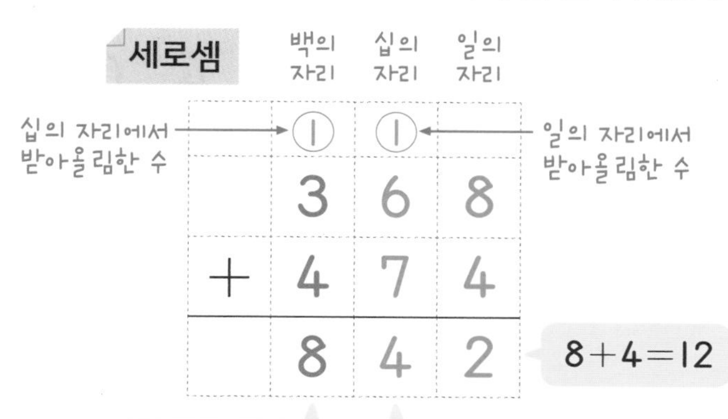

가로셈 578+146=724

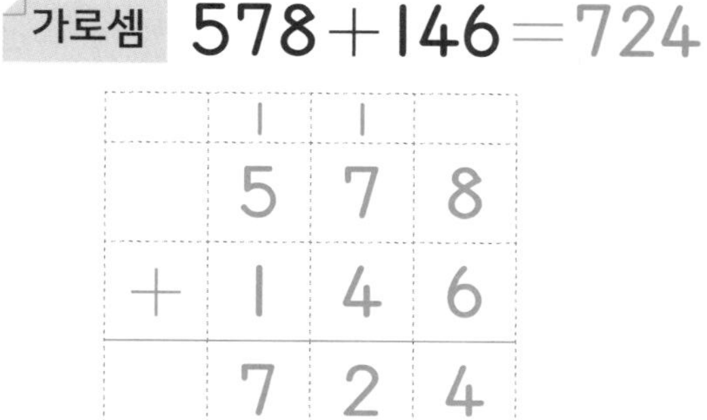

➡ 일의 자리에서 받아올림한 수는 십의 자리 위에, 십의 자리에서 받아올림한 수는 백의 자리 위에 작게 1이라고 써요.

십의 자리와 백의 자리에서 올림이 있는 (세 자리 수)+(세 자리 수)

가로셈 841+794=1635

	1		
	8	4	1
+	7	9	4
1	6	3	5

➡ 십의 자리에서 받아올림한 수는 백의 자리 위에 작게 1이라고 쓰고 백의 자리에서 받아올림한 수는 천의 자리에 1을 써요.

개념 쏙쏙 노트

- 받아올림이 2번 있는 (세 자리 수)+(세 자리 수)
  ① 일의 자리부터 차례로 같은 자리의 수끼리 더합니다.
  ② 올림이 일의 자리에서 있으면 십의 자리로, 십의 자리에서 있으면 백의 자리로, 백의 자리에서 있으면 천의 자리로 받아올림하여 계산합니다.

1일 연습

받아올림이 2번 있는 (세 자리 수) + (세 자리 수)

계산해 보세요.

1. $123 + 377$

2. $842 + 265$

3. $264 + 338$

4. $442 + 359$

5. $542 + 739$

6. $268 + 453$

7. $676 + 125$

8. $683 + 735$

9. $799 + 146$

10. $637 + 924$

11. $435 + 465$

12. $947 + 171$

13. $374 + 289$

14. $278 + 328$

15. $759 + 186$

 계산해 보세요.

16
$$\begin{array}{r} 283 \\ +\ 247 \\ \hline \end{array}$$

17
$$\begin{array}{r} 585 \\ +\ 346 \\ \hline \end{array}$$

18
$$\begin{array}{r} 375 \\ +\ 964 \\ \hline \end{array}$$

19
$$\begin{array}{r} 392 \\ +\ 339 \\ \hline \end{array}$$

20
$$\begin{array}{r} 645 \\ +\ 537 \\ \hline \end{array}$$

21
$$\begin{array}{r} 229 \\ +\ 674 \\ \hline \end{array}$$

22
$$\begin{array}{r} 763 \\ +\ 693 \\ \hline \end{array}$$

23
$$\begin{array}{r} 724 \\ +\ 189 \\ \hline \end{array}$$

24
$$\begin{array}{r} 386 \\ +\ 792 \\ \hline \end{array}$$

25
$$\begin{array}{r} 826 \\ +\ 436 \\ \hline \end{array}$$

26
$$\begin{array}{r} 327 \\ +\ 276 \\ \hline \end{array}$$

27
$$\begin{array}{r} 187 \\ +\ 992 \\ \hline \end{array}$$

28
$$\begin{array}{r} 684 \\ +\ 186 \\ \hline \end{array}$$

29
$$\begin{array}{r} 455 \\ +\ 763 \\ \hline \end{array}$$

30
$$\begin{array}{r} 628 \\ +\ 276 \\ \hline \end{array}$$

31
$$\begin{array}{r} 525 \\ +\ 817 \\ \hline \end{array}$$

32
$$\begin{array}{r} 486 \\ +\ 429 \\ \hline \end{array}$$

33
$$\begin{array}{r} 425 \\ +\ 936 \\ \hline \end{array}$$

스스로 평가

2일 반복 받아올림이 2번 있는 (세 자리 수) + (세 자리 수)

계산해 보세요.

1. $\begin{array}{r} 159 \\ +\ 262 \\ \hline \end{array}$

2. $\begin{array}{r} 354 \\ +\ 763 \\ \hline \end{array}$

3. $\begin{array}{r} 643 \\ +\ 847 \\ \hline \end{array}$

4. $\begin{array}{r} 173 \\ +\ 197 \\ \hline \end{array}$

5. $\begin{array}{r} 248 \\ +\ 258 \\ \hline \end{array}$

6. $\begin{array}{r} 737 \\ +\ 891 \\ \hline \end{array}$

7. $\begin{array}{r} 683 \\ +\ 288 \\ \hline \end{array}$

8. $\begin{array}{r} 585 \\ +\ 269 \\ \hline \end{array}$

9. $\begin{array}{r} 937 \\ +\ 648 \\ \hline \end{array}$

10. $\begin{array}{r} 564 \\ +\ 572 \\ \hline \end{array}$

11. $\begin{array}{r} 139 \\ +\ 196 \\ \hline \end{array}$

12. $\begin{array}{r} 473 \\ +\ 795 \\ \hline \end{array}$

13. $\begin{array}{r} 448 \\ +\ 278 \\ \hline \end{array}$

14. $\begin{array}{r} 494 \\ +\ 108 \\ \hline \end{array}$

15. $\begin{array}{r} 936 \\ +\ 526 \\ \hline \end{array}$

공부한 날 월 일

맞힌 개수 개

걸린 시간 분

 계산해 보세요.

16 $\begin{array}{r} 106 \\ +\ 498 \\ \hline \end{array}$

17 $\begin{array}{r} 542 \\ +\ 299 \\ \hline \end{array}$

18 $\begin{array}{r} 465 \\ +\ 763 \\ \hline \end{array}$

19 $\begin{array}{r} 278 \\ +\ 809 \\ \hline \end{array}$

20 $\begin{array}{r} 619 \\ +\ 293 \\ \hline \end{array}$

21 $\begin{array}{r} 957 \\ +\ 851 \\ \hline \end{array}$

22 $\begin{array}{r} 748 \\ +\ 174 \\ \hline \end{array}$

23 $\begin{array}{r} 345 \\ +\ 935 \\ \hline \end{array}$

24 $\begin{array}{r} 585 \\ +\ 336 \\ \hline \end{array}$

25 $\begin{array}{r} 125 \\ +\ 598 \\ \hline \end{array}$

26 $\begin{array}{r} 269 \\ +\ 890 \\ \hline \end{array}$

27 $\begin{array}{r} 752 \\ +\ 639 \\ \hline \end{array}$

28 $\begin{array}{r} 347 \\ +\ 792 \\ \hline \end{array}$

29 $\begin{array}{r} 693 \\ +\ 287 \\ \hline \end{array}$

30 $\begin{array}{r} 158 \\ +\ 675 \\ \hline \end{array}$

31 $\begin{array}{r} 542 \\ +\ 649 \\ \hline \end{array}$

32 $\begin{array}{r} 564 \\ +\ 238 \\ \hline \end{array}$

33 $\begin{array}{r} 873 \\ +\ 717 \\ \hline \end{array}$

스스로 평가

3일 반복

받아올림이 2번 있는 (세 자리 수) + (세 자리 수)

 계산해 보세요.

1 455+268

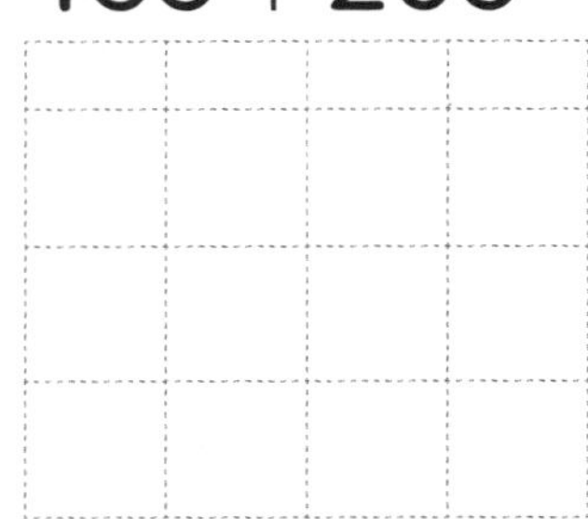

5 438+833

9 783+545

2 448+359

6 672+697

10 166+234

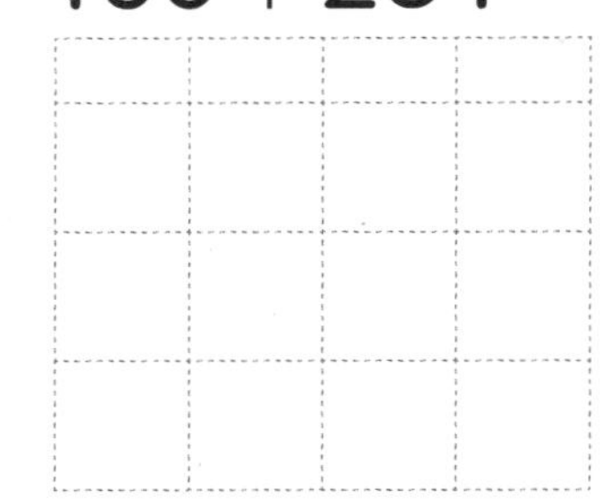

3 975+231

7 467+334

11 675+227

4 769+148

8 193+327

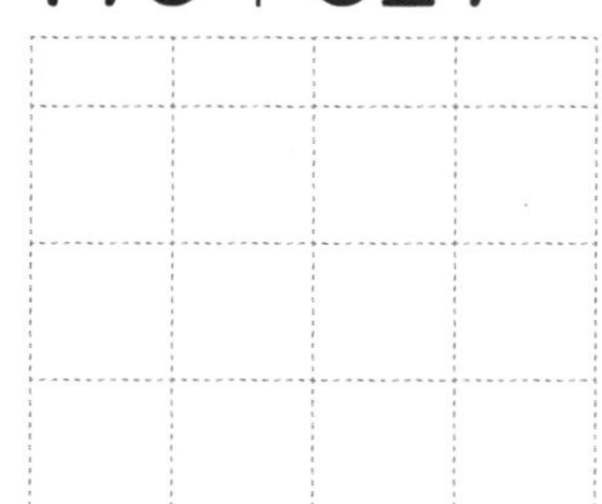

12 567+515

공부한 날	월 일

맞힌 개수	개
걸린 시간	분

계산해 보세요.

13 $157+563$

20 $539+942$

27 $156+953$

14 $336+893$

21 $668+139$

28 $787+146$

15 $188+217$

22 $755+751$

29 $517+385$

16 $537+264$

23 $198+354$

30 $668+519$

17 $435+792$

24 $117+992$

31 $726+956$

18 $384+709$

25 $415+289$

32 $756+147$

19 $467+275$

26 $588+607$

33 $385+951$

5주

스스로 평가

받아올림이 2번 있는 (세 자리 수) + (세 자리 수)

계산해 보세요.

1 $593 + 494$

5 $197 + 268$

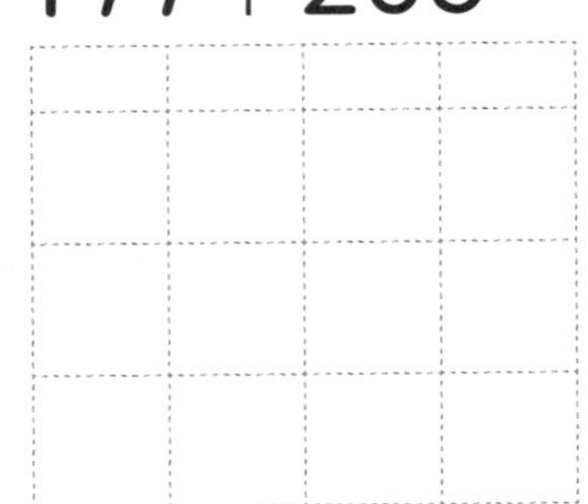

9 $834 + 456$

2 $258 + 448$

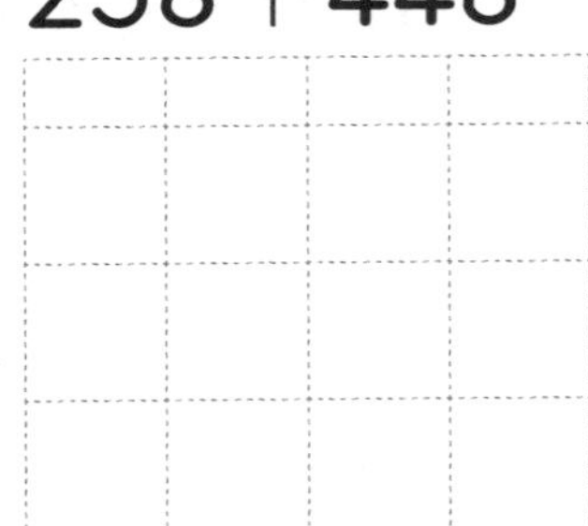

6 $514 + 792$

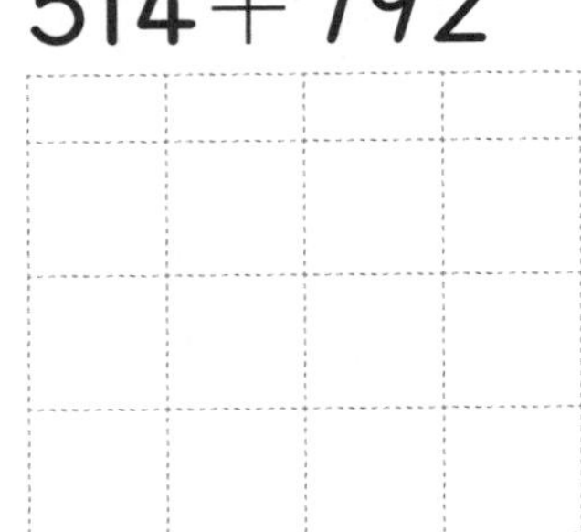

10 $376 + 268$

3 $365 + 761$

7 $485 + 197$

11 $765 + 137$

4 $599 + 349$

8 $409 + 195$

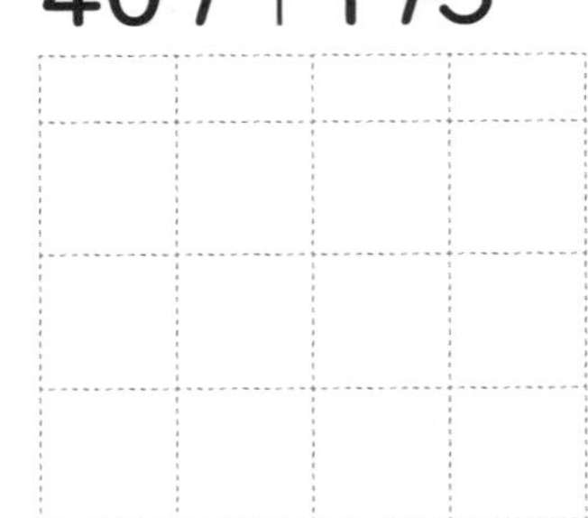

12 $684 + 907$

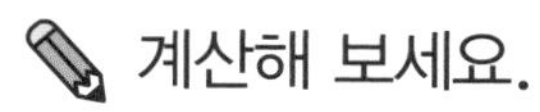

월 일

맞힌 개수 개

걸린 시간 분

계산해 보세요.

13 $657+254$

14 $592+169$

15 $325+892$

16 $727+405$

17 $237+196$

18 $708+195$

19 $635+971$

20 $831+529$

21 $488+123$

22 $558+791$

23 $145+687$

24 $446+828$

25 $368+393$

26 $763+573$

27 $389+317$

28 $138+929$

29 $969+450$

30 $336+279$

31 $785+906$

32 $392+842$

33 $675+196$

5주

스스로 평가

받아올림이 2번 있는 (세 자리 수) + (세 자리 수)

빈 곳에 알맞은 수를 써넣으세요.

1 | 475 | +149 |

6 | 765 | +493 |

2 | 518 | +691 |

7 | 515 | +297 |

3 | 688 | +807 |

8 | 537 | +648 |

4 | 267 | +467 |

9 | 524 | +386 |

5 | 159 | +683 |

10 | 369 | +760 |

빈 곳에 알맞은 수를 써넣으세요.

11
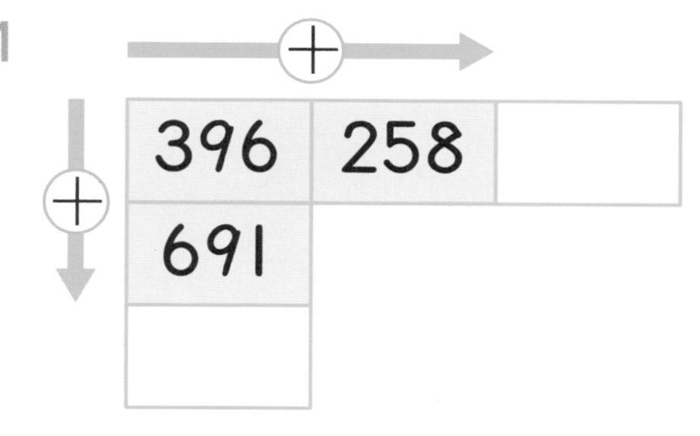

12
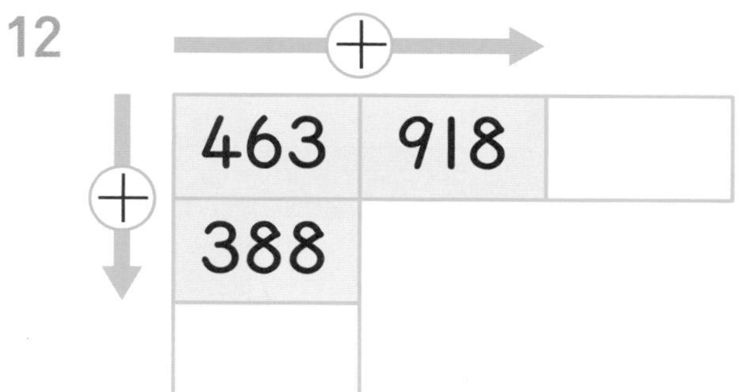

13
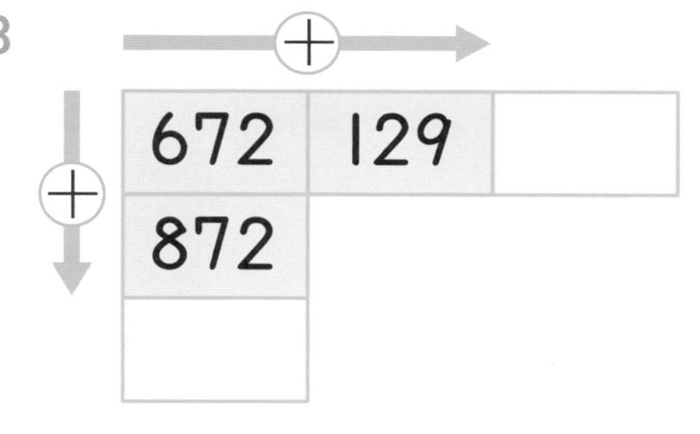

14
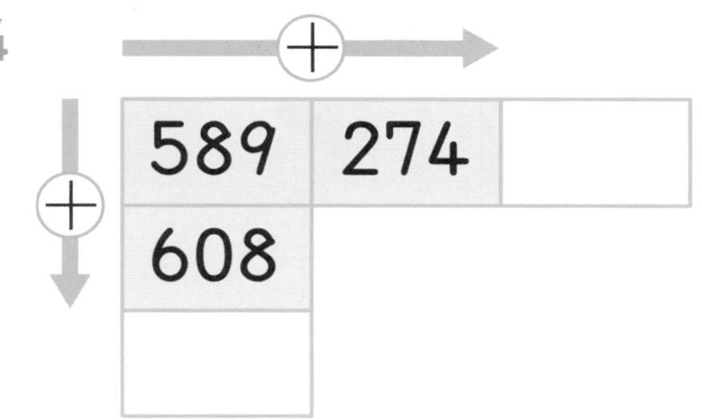

15
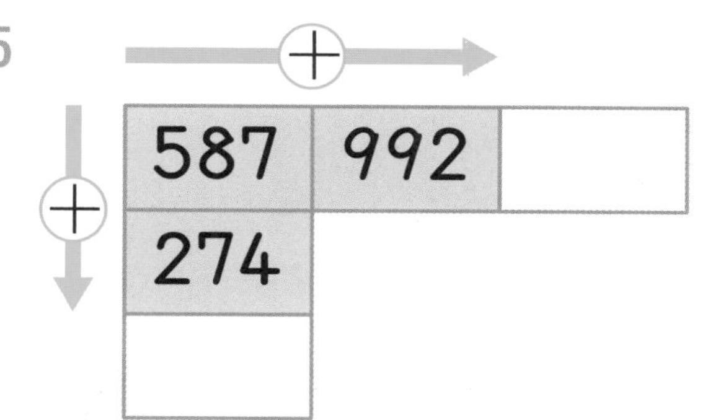

16
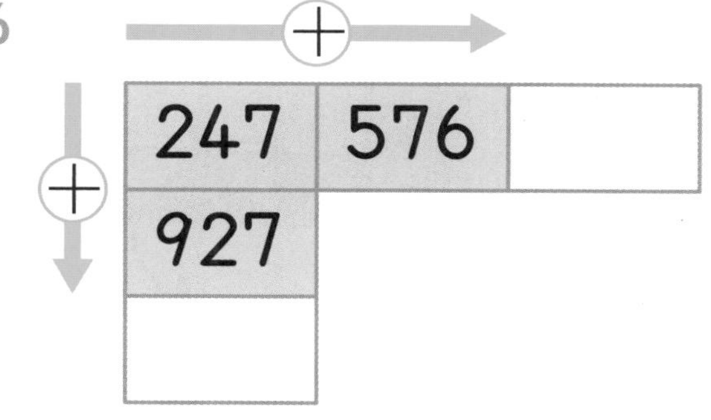

17
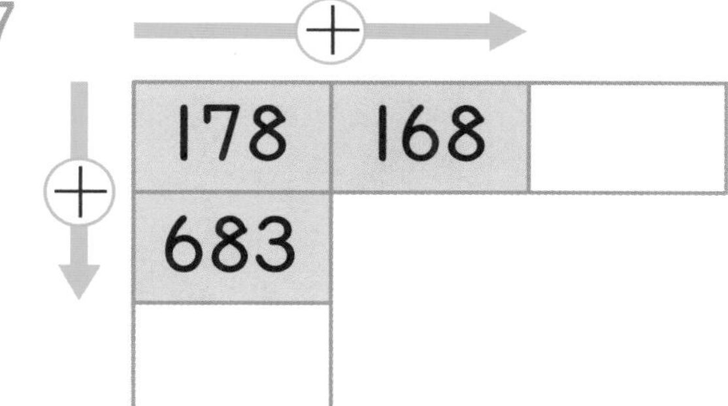

18
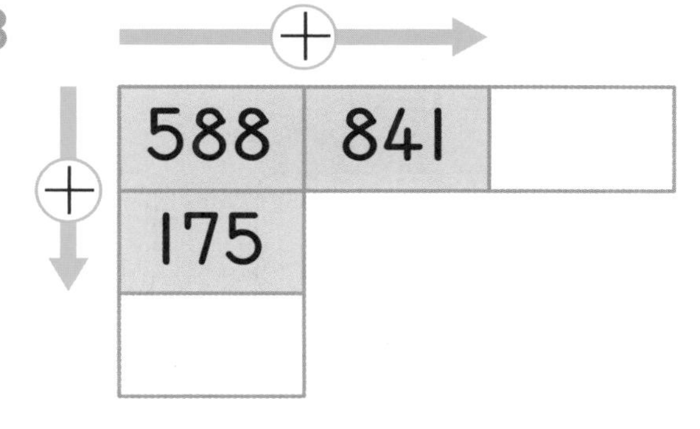

스스로 평가

사다리 타기는 줄을 타고 내려가다가 다른 방향으로 꺾인 선을 만나면 선을 따라 맨 아래까지 내려가는 놀이입니다. 사다리를 타고 내려가서 도착한 곳에 계산 결과를 써넣으세요.

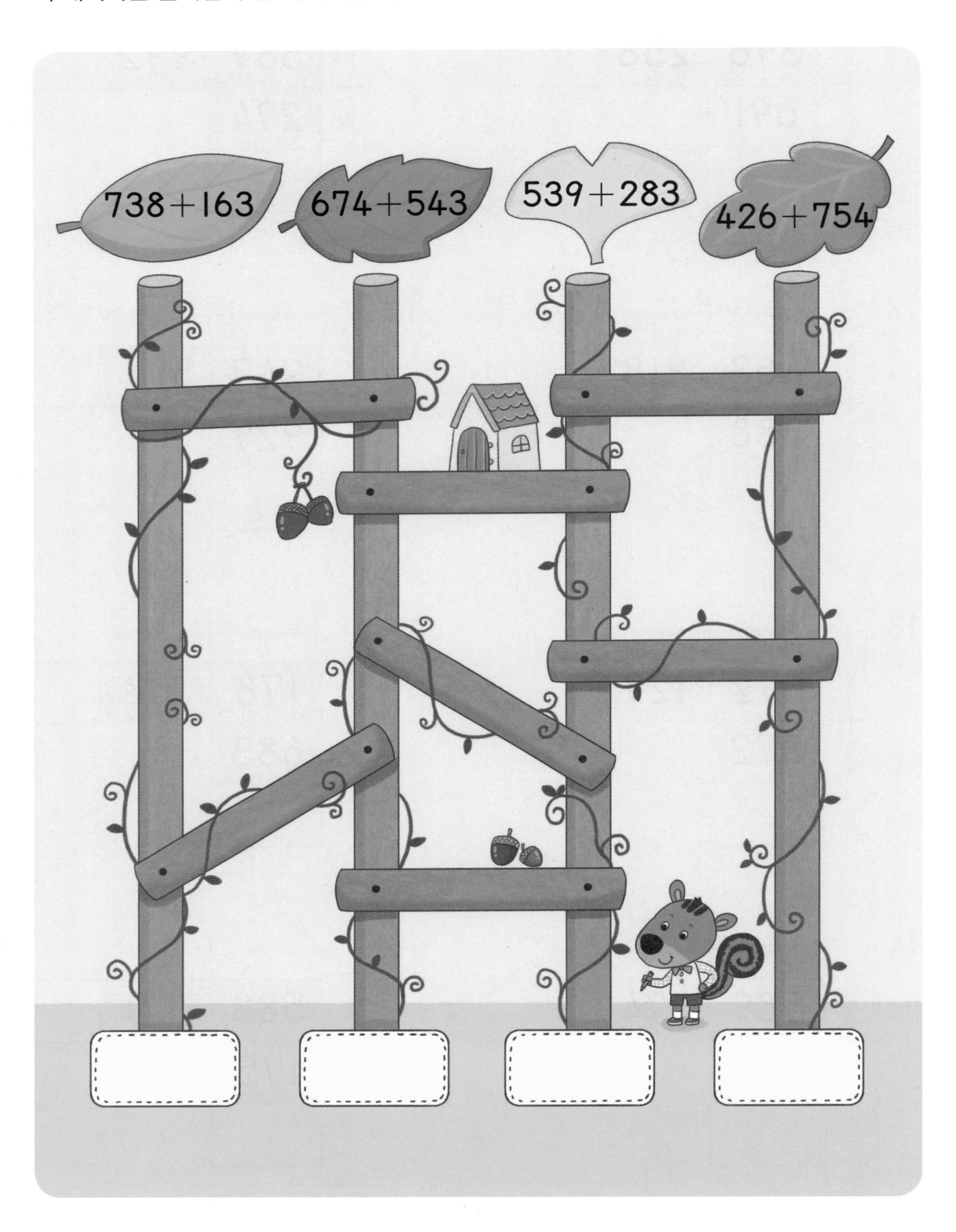

유진이가 집에서 출발하여 마트에 가려고 해요. 유진이네 집에서 공원을 거쳐 가는 거리와 학교를 거쳐 가는 거리를 구하고 어디를 거쳐 가는 것이 더 가까운지 써 보세요.

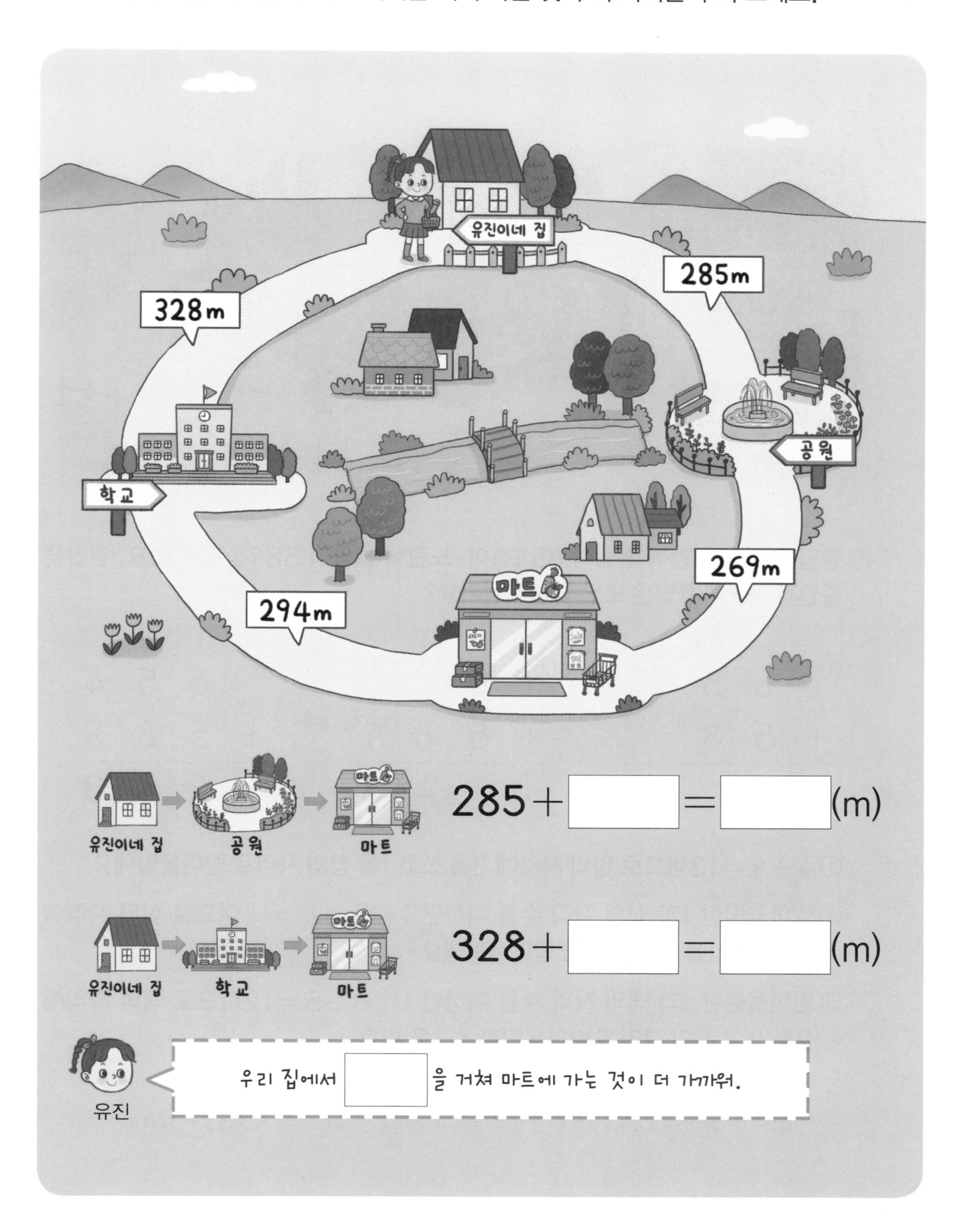

받아올림이 3번 있는 (세 자리 수) + (세 자리 수)

✔ 튤립 축제에 빨간색 튤립이 654송이, 노란색 튤립이 589송이 있어요. 빨간색 튤립과 노란색 튤립은 모두 몇 송이인가요?

①

		1	
	6	5	4
+	5	8	9
			3

➡ ②

	1	1	
	6	5	4
+	5	8	9
		4	3

➡ ③

	1		
	6	5	4
+	5	8	9
1	2	4	3

① $4+9=13$이므로 일의 자리에 3을 쓰고 1을 십의 자리로 받아올림해요.

② 받아올림한 1과 십의 자리 수를 더하면 $1+5+8=14$이므로 십의 자리에 4를 쓰고 1을 백의 자리로 받아올림해요.

③ 받아올림한 1과 백의 자리 수를 더하면 $1+6+5=12$이므로 백의 자리에 2를 쓰고 천의 자리에 받아올림한 수 1을 써요.

$654+589=1243$이므로 빨간색 튤립과 노란색 튤립은 모두 1243송이 있어요.

일차	1일 학습	2일 학습	3일 학습	4일 학습	5일 학습
공부할 날	월 일	월 일	월 일	월 일	월 일

세로셈

천의 자리	백의 자리	십의 자리	일의 자리
	1	1	
	7	7	4
+	4	8	9
1	2	6	3

4+9=13

1+7+4=12 1+7+8=16

천의 자리	백의 자리	십의 자리	일의 자리
	1	1	
	8	9	6
+	4	2	7
1	3	2	3

➡ **일의 자리에서 받아올림한 수는 십의 자리 위에, 십의 자리에서 받아올림한 수는 백의 자리 위에 작게 쓰고 백의 자리에서 받아올림한 수는 천의 자리에 써요.**

가로셈

658+594=1252

천의 자리	백의 자리	십의 자리	일의 자리
	1	1	
	6	5	8
+	5	9	4
1	2	5	2

8+4=12

1+6+5=12 1+5+9=15

576+459=1035

천의 자리	백의 자리	십의 자리	일의 자리
	1	1	
	5	7	6
+	4	5	9
1	0	3	5

개념 쏙쏙 노트

• 받아올림이 3번 있는 (세 자리 수)+(세 자리 수)

① 일의 자리부터 차례로 같은 자리의 수끼리 더합니다.

② 받아올림이 있으면 바로 윗자리로 받아올림하여 계산합니다.

받아올림이 3번 있는 (세 자리 수) + (세 자리 수)

계산해 보세요.

1
$$\begin{array}{r} 321 \\ +\ 679 \\ \hline \end{array}$$

2
$$\begin{array}{r} 177 \\ +\ 943 \\ \hline \end{array}$$

3
$$\begin{array}{r} 397 \\ +\ 826 \\ \hline \end{array}$$

4
$$\begin{array}{r} 667 \\ +\ 564 \\ \hline \end{array}$$

5
$$\begin{array}{r} 882 \\ +\ 269 \\ \hline \end{array}$$

6
$$\begin{array}{r} 994 \\ +\ 396 \\ \hline \end{array}$$

7
$$\begin{array}{r} 858 \\ +\ 784 \\ \hline \end{array}$$

8
$$\begin{array}{r} 189 \\ +\ 927 \\ \hline \end{array}$$

9
$$\begin{array}{r} 245 \\ +\ 866 \\ \hline \end{array}$$

10
$$\begin{array}{r} 624 \\ +\ 598 \\ \hline \end{array}$$

11
$$\begin{array}{r} 134 \\ +\ 878 \\ \hline \end{array}$$

12
$$\begin{array}{r} 936 \\ +\ 378 \\ \hline \end{array}$$

13
$$\begin{array}{r} 348 \\ +\ 882 \\ \hline \end{array}$$

14
$$\begin{array}{r} 478 \\ +\ 653 \\ \hline \end{array}$$

15
$$\begin{array}{r} 583 \\ +\ 739 \\ \hline \end{array}$$

계산해 보세요.

16 $\begin{array}{r} 347 \\ +\ 796 \\ \hline \end{array}$

17 $\begin{array}{r} 285 \\ +\ 836 \\ \hline \end{array}$

18 $\begin{array}{r} 528 \\ +\ 886 \\ \hline \end{array}$

19 $\begin{array}{r} 758 \\ +\ 387 \\ \hline \end{array}$

20 $\begin{array}{r} 367 \\ +\ 887 \\ \hline \end{array}$

21 $\begin{array}{r} 345 \\ +\ 686 \\ \hline \end{array}$

22 $\begin{array}{r} 415 \\ +\ 897 \\ \hline \end{array}$

23 $\begin{array}{r} 554 \\ +\ 768 \\ \hline \end{array}$

24 $\begin{array}{r} 437 \\ +\ 589 \\ \hline \end{array}$

25 $\begin{array}{r} 765 \\ +\ 559 \\ \hline \end{array}$

26 $\begin{array}{r} 938 \\ +\ 668 \\ \hline \end{array}$

27 $\begin{array}{r} 688 \\ +\ 343 \\ \hline \end{array}$

28 $\begin{array}{r} 584 \\ +\ 668 \\ \hline \end{array}$

29 $\begin{array}{r} 849 \\ +\ 974 \\ \hline \end{array}$

30 $\begin{array}{r} 256 \\ +\ 759 \\ \hline \end{array}$

31 $\begin{array}{r} 852 \\ +\ 388 \\ \hline \end{array}$

32 $\begin{array}{r} 268 \\ +\ 979 \\ \hline \end{array}$

33 $\begin{array}{r} 357 \\ +\ 887 \\ \hline \end{array}$

스스로 평가

2일 반복 받아올림이 3번 있는 (세 자리 수) + (세 자리 수)

계산해 보세요.

1

	6	5	9
+	4	6	6

2

	8	4	4
+	1	7	8

3

	9	6	2
+	1	9	8

4

	5	9	4
+	6	4	7

5

	8	7	4
+	3	4	6

6

	7	5	4
+	6	6	8

7

	6	8	9
+	5	2	9

8

	8	9	2
+	6	4	9

9

	9	8	7
+	3	5	7

10

	4	5	8
+	5	7	7

11

	4	8	6
+	6	2	6

12

	6	5	7
+	8	9	8

13

	3	5	7
+	9	6	3

14

	9	3	6
+	5	7	6

15

	3	8	4
+	9	2	9

 계산해 보세요.

16. $\begin{array}{r} 875 \\ +\ 848 \\ \hline \end{array}$

17. $\begin{array}{r} 248 \\ +\ 976 \\ \hline \end{array}$

18. $\begin{array}{r} 366 \\ +\ 765 \\ \hline \end{array}$

19. $\begin{array}{r} 685 \\ +\ 447 \\ \hline \end{array}$

20. $\begin{array}{r} 737 \\ +\ 276 \\ \hline \end{array}$

21. $\begin{array}{r} 177 \\ +\ 953 \\ \hline \end{array}$

22. $\begin{array}{r} 346 \\ +\ 887 \\ \hline \end{array}$

23. $\begin{array}{r} 562 \\ +\ 859 \\ \hline \end{array}$

24. $\begin{array}{r} 678 \\ +\ 576 \\ \hline \end{array}$

25. $\begin{array}{r} 744 \\ +\ 796 \\ \hline \end{array}$

26. $\begin{array}{r} 497 \\ +\ 506 \\ \hline \end{array}$

27. $\begin{array}{r} 337 \\ +\ 896 \\ \hline \end{array}$

28. $\begin{array}{r} 483 \\ +\ 749 \\ \hline \end{array}$

29. $\begin{array}{r} 577 \\ +\ 655 \\ \hline \end{array}$

30. $\begin{array}{r} 276 \\ +\ 784 \\ \hline \end{array}$

31. $\begin{array}{r} 476 \\ +\ 797 \\ \hline \end{array}$

32. $\begin{array}{r} 589 \\ +\ 836 \\ \hline \end{array}$

33. $\begin{array}{r} 346 \\ +\ 687 \\ \hline \end{array}$

스스로 평가

3일 반복 받아올림이 3번 있는 (세 자리 수) + (세 자리 수)

계산해 보세요.

1 $558+755$

2 $257+886$

3 $698+866$

4 $534+789$

5 $973+659$

6 $722+498$

7 $775+548$

8 $869+273$

9 $872+378$

10 $535+686$

11 $659+466$

12 $879+632$

계산해 보세요.

13 569+642

14 778+655

15 989+259

16 154+858

17 256+887

18 486+595

19 169+966

20 375+789

21 638+496

22 387+867

23 596+766

24 724+686

25 925+485

26 246+967

27 441+799

28 394+619

29 577+449

30 858+274

31 247+886

32 425+977

33 664+558

받아올림이 3번 있는 (세 자리 수) + (세 자리 수)

 계산해 보세요.

1 $296+866$

2 $934+198$

3 $486+879$

4 $695+537$

5 $638+467$

6 $859+457$

7 $768+578$

8 $689+878$

9 $639+489$

10 $844+688$

11 $747+576$

12 $535+986$

 계산해 보세요.

13 $496+827$

14 $683+428$

15 $247+879$

16 $627+777$

17 $746+684$

18 $825+397$

19 $268+857$

20 $265+865$

21 $496+577$

22 $676+388$

23 $376+879$

24 $664+468$

25 $144+896$

26 $291+819$

27 $487+825$

28 $227+788$

29 $889+254$

30 $982+429$

31 $376+798$

32 $345+767$

33 $466+987$

스스로 평가

받아올림이 3번 있는 (세 자리 수) + (세 자리 수)

빈 곳에 알맞은 수를 써넣으세요.

1 | 835 | +497 |

2 | 454 | +869 |

3 | 117 | +897 |

4 | 367 | +974 |

5 | 772 | +748 |

6 | 947 | +656 |

7 | 235 | +989 |

8 | 396 | +617 |

9 | 617 | +788 |

10 | 546 | +868 |

빈 곳에 알맞은 수를 써넣으세요.

11 ⊕ →

794	428	
657	574	

12 ⊕ →

182	938	
867	277	

13 ⊕ →

478	636	
528	889	

14 ⊕ →

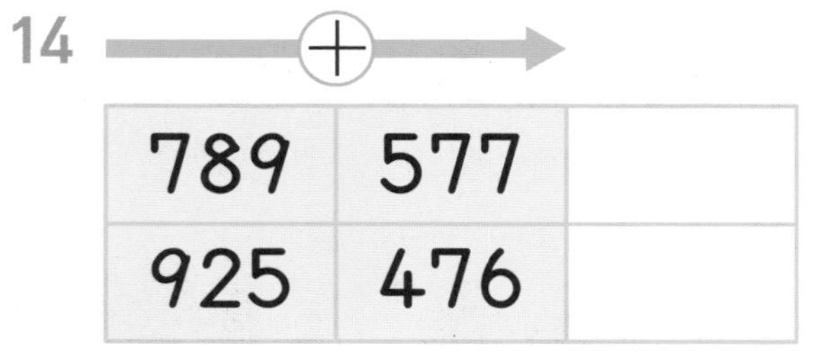

789	577	
925	476	

15 ⊕ →

279	946	
569	443	

16 ⊕ →

384	837	
447	567	

17 ⊕ →

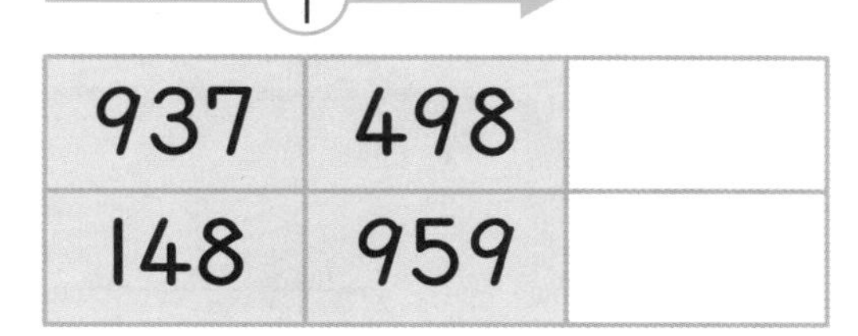

937	498	
148	959	

18 ⊕ →

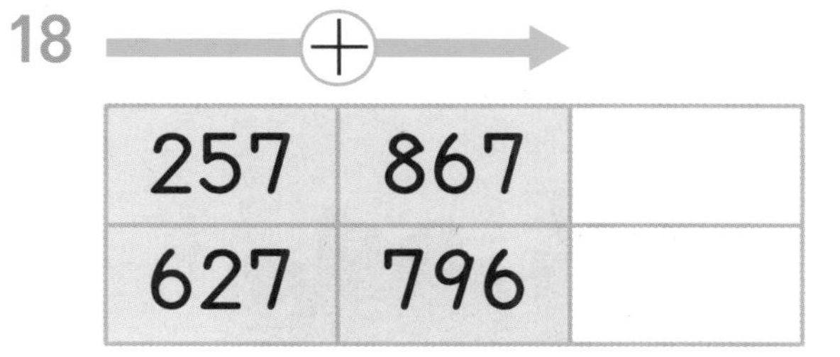

257	867	
627	796	

스스로 평가

계산 결과가 같은 기차의 칸에 같은 동물 붙임 딱지를 붙여 보세요. 붙임딱지

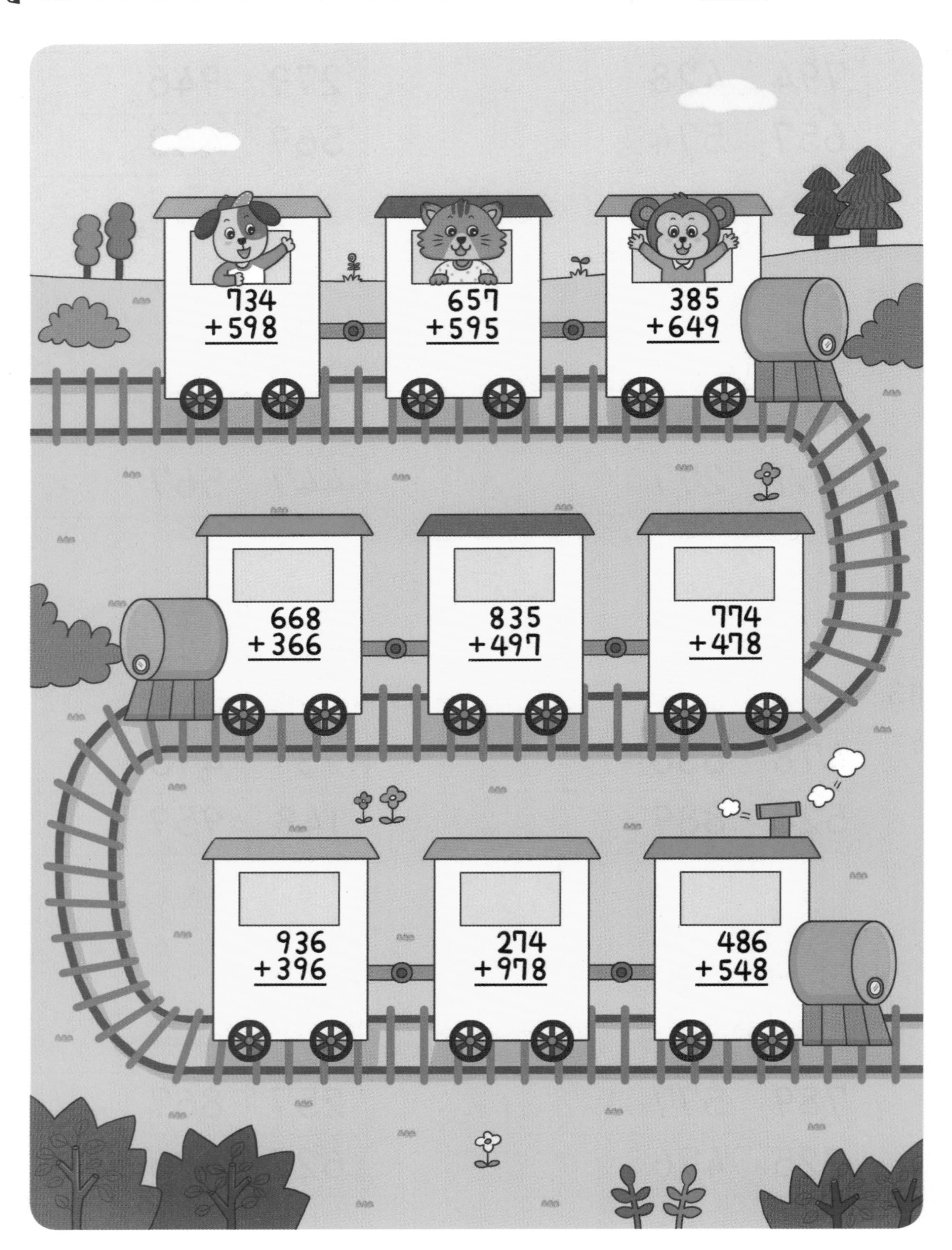

✎ 음식별 칼로리를 보고 친구들이 먹은 음식의 칼로리를 구해 보세요.

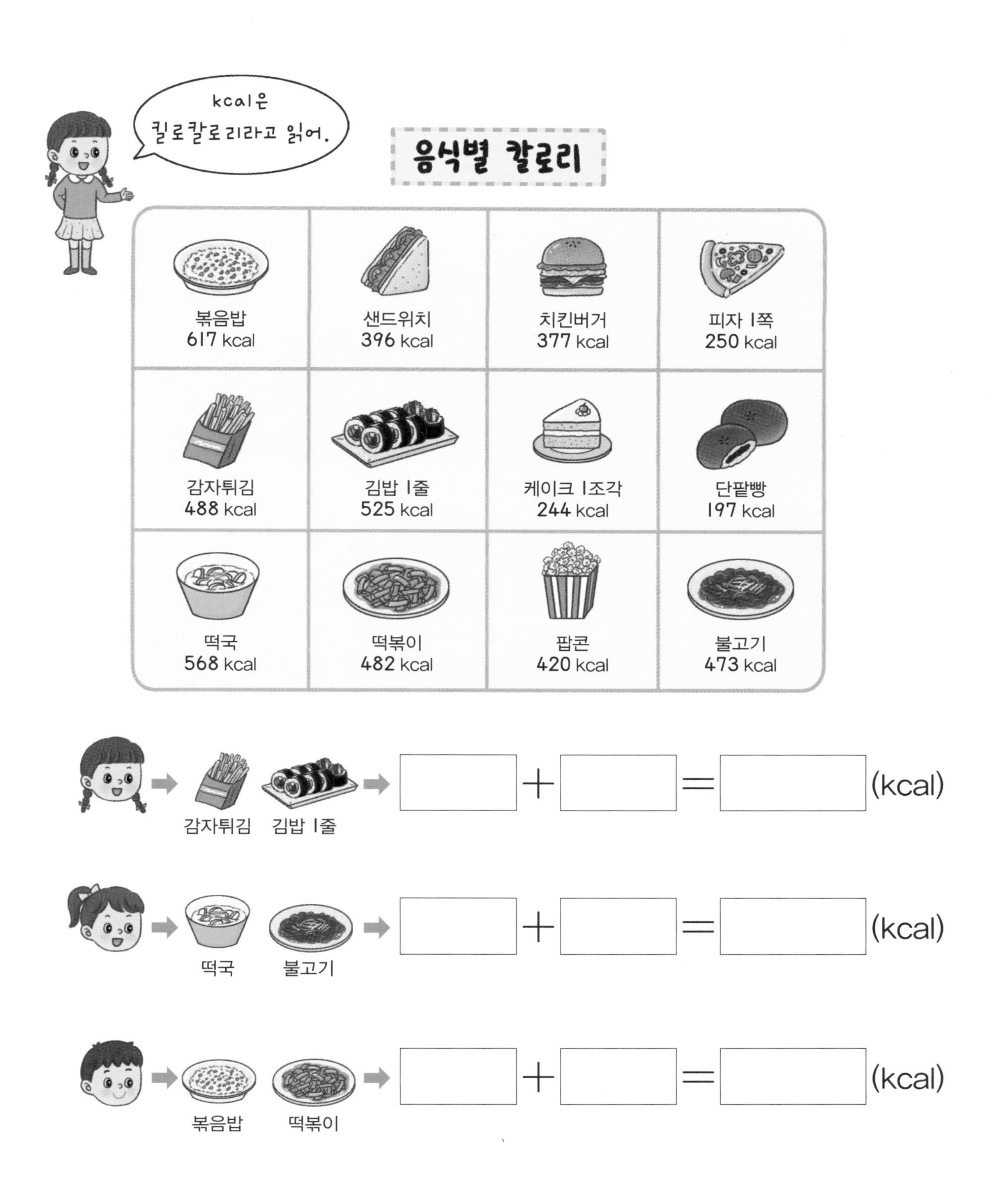

음식별 칼로리

볶음밥 617 kcal	샌드위치 396 kcal	치킨버거 377 kcal	피자 1쪽 250 kcal
감자튀김 488 kcal	김밥 1줄 525 kcal	케이크 1조각 244 kcal	단팥빵 197 kcal
떡국 568 kcal	떡볶이 482 kcal	팝콘 420 kcal	불고기 473 kcal

➡ 감자튀김 김밥 1줄 ➡ ☐ + ☐ = ☐ (kcal)

➡ 떡국 불고기 ➡ ☐ + ☐ = ☐ (kcal)

➡ 볶음밥 떡볶이 ➡ ☐ + ☐ = ☐ (kcal)

받아내림이 없는 (세 자리 수) — (세 자리 수)

선착장에 475명의 사람이 있어요. 배에 232명이 탄다고 할 때 선착장에 남아 있는 사람은 몇 명인가요?

① $\begin{array}{r} 475 \\ -\ 232 \\ \hline 3 \end{array}$ ➡ ② $\begin{array}{r} 475 \\ -\ 232 \\ \hline 43 \end{array}$ ➡ ③ $\begin{array}{r} 475 \\ -\ 232 \\ \hline 243 \end{array}$

① 일의 자리에서 5－2＝3이므로 일의 자리에 3을 써요.

② 십의 자리에서 7－3＝4이므로 십의 자리에 4를 써요.

③ 백의 자리에서 4－2＝2이므로 백의 자리에 2를 써요.

475－232＝243이므로 선착장에 남아 있는 사람은 243명이에요.

학습계획

일차	1일 학습	2일 학습	3일 학습	4일 학습	5일 학습
공부할 날	월 일	월 일	월 일	월 일	월 일

세로셈

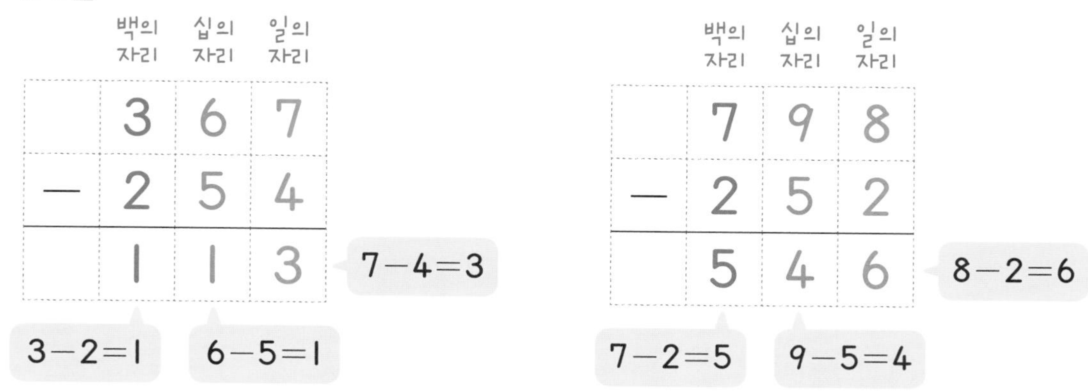

➡ **일의 자리 수끼리, 십의 자리 수끼리, 백의 자리 수끼리 뺀 값을 일의 자리부터 차례로 써요.**

가로셈

458 − 234 = 224

	백의 자리	십의 자리	일의 자리
	4	5	8
−	2	3	4
	2	2	4

	백의 자리	십의 자리	일의 자리
	4	5	8
−	2	3	4
2	2	4	

(×)

계산한 것을 자리에 맞추어 쓰지 않아서 틀렸어요. 같은 자리의 수끼리 빼고 같은 자리에 써요.

개념 쏙쏙 노트

- 받아내림이 없는 (세 자리 수)−(세 자리 수)
  ① 일의 자리 수는 일의 자리 수끼리 뺍니다.
  ② 십의 자리 수는 십의 자리 수끼리 뺍니다.
  ③ 백의 자리 수는 백의 자리 수끼리 뺍니다.

1일 연습

받아내림이 없는 (세 자리 수) − (세 자리 수)

계산해 보세요.

1

	1	3	3
−	1	0	2

2

	2	4	9
−	1	3	4

3

	3	5	5
−	2	0	5

4

	5	7	8
−	3	6	7

5

	8	9	6
−	2	7	3

6

	3	4	5
−	1	2	1

7

	4	2	2
−	2	0	1

8

	2	5	8
−	1	4	6

9

	6	2	4
−	3	1	0

10

	7	4	8
−	6	0	7

11

	3	1	5
−	1	0	2

12

	5	5	7
−	4	2	3

13

	7	2	6
−	5	0	2

14

	9	5	2
−	6	4	0

15

	8	6	7
−	1	2	5

공부한 날 월 일

맞힌 개수 개

걸린 시간 분

 계산해 보세요.

16 $\begin{array}{r} 3\ 8\ 8 \\ -\ 2\ 2\ 7 \\ \hline \end{array}$

17 $\begin{array}{r} 6\ 3\ 6 \\ -\ 5\ 3\ 2 \\ \hline \end{array}$

18 $\begin{array}{r} 8\ 9\ 4 \\ -\ 2\ 6\ 4 \\ \hline \end{array}$

19 $\begin{array}{r} 2\ 9\ 5 \\ -\ 1\ 4\ 2 \\ \hline \end{array}$

20 $\begin{array}{r} 7\ 4\ 8 \\ -\ 1\ 4\ 2 \\ \hline \end{array}$

21 $\begin{array}{r} 4\ 7\ 7 \\ -\ 2\ 3\ 3 \\ \hline \end{array}$

22 $\begin{array}{r} 9\ 8\ 8 \\ -\ 6\ 1\ 2 \\ \hline \end{array}$

23 $\begin{array}{r} 1\ 2\ 7 \\ -\ 1\ 1\ 4 \\ \hline \end{array}$

24 $\begin{array}{r} 5\ 6\ 8 \\ -\ 3\ 2\ 4 \\ \hline \end{array}$

25 $\begin{array}{r} 7\ 2\ 7 \\ -\ 2\ 2\ 0 \\ \hline \end{array}$

26 $\begin{array}{r} 3\ 2\ 5 \\ -\ 1\ 2\ 2 \\ \hline \end{array}$

27 $\begin{array}{r} 9\ 9\ 9 \\ -\ 7\ 2\ 9 \\ \hline \end{array}$

28 $\begin{array}{r} 2\ 5\ 7 \\ -\ 1\ 4\ 2 \\ \hline \end{array}$

29 $\begin{array}{r} 4\ 9\ 5 \\ -\ 1\ 7\ 2 \\ \hline \end{array}$

30 $\begin{array}{r} 6\ 7\ 4 \\ -\ 2\ 2\ 1 \\ \hline \end{array}$

31 $\begin{array}{r} 8\ 7\ 9 \\ -\ 5\ 6\ 3 \\ \hline \end{array}$

32 $\begin{array}{r} 1\ 8\ 5 \\ -\ 1\ 4\ 5 \\ \hline \end{array}$

33 $\begin{array}{r} 5\ 8\ 6 \\ -\ 3\ 6\ 2 \\ \hline \end{array}$

스스로 평가

2일 반복

받아내림이 없는 (세 자리 수) — (세 자리 수)

계산해 보세요.

1. $834 - 423$

2. $477 - 216$

3. $558 - 328$

4. $427 - 104$

5. $792 - 212$

6. $946 - 321$

7. $268 - 125$

8. $764 - 511$

9. $649 - 223$

10. $925 - 712$

11. $395 - 282$

12. $856 - 312$

13. $179 - 117$

14. $546 - 412$

15. $848 - 627$

 계산해 보세요.

16
$$\begin{array}{r} 427 \\ -\ 214 \\ \hline \end{array}$$

17
$$\begin{array}{r} 395 \\ -\ 190 \\ \hline \end{array}$$

18
$$\begin{array}{r} 683 \\ -\ 462 \\ \hline \end{array}$$

19
$$\begin{array}{r} 136 \\ -\ 103 \\ \hline \end{array}$$

20
$$\begin{array}{r} 594 \\ -\ 422 \\ \hline \end{array}$$

21
$$\begin{array}{r} 792 \\ -\ 562 \\ \hline \end{array}$$

22
$$\begin{array}{r} 884 \\ -\ 440 \\ \hline \end{array}$$

23
$$\begin{array}{r} 247 \\ -\ 117 \\ \hline \end{array}$$

24
$$\begin{array}{r} 536 \\ -\ 330 \\ \hline \end{array}$$

25
$$\begin{array}{r} 915 \\ -\ 203 \\ \hline \end{array}$$

26
$$\begin{array}{r} 379 \\ -\ 263 \\ \hline \end{array}$$

27
$$\begin{array}{r} 627 \\ -\ 413 \\ \hline \end{array}$$

28
$$\begin{array}{r} 465 \\ -\ 235 \\ \hline \end{array}$$

29
$$\begin{array}{r} 194 \\ -\ 102 \\ \hline \end{array}$$

30
$$\begin{array}{r} 899 \\ -\ 217 \\ \hline \end{array}$$

31
$$\begin{array}{r} 779 \\ -\ 464 \\ \hline \end{array}$$

32
$$\begin{array}{r} 268 \\ -\ 124 \\ \hline \end{array}$$

33
$$\begin{array}{r} 957 \\ -\ 724 \\ \hline \end{array}$$

스스로 평가

3일 반복 받아내림이 없는 (세 자리 수) — (세 자리 수)

 계산해 보세요.

1 $248-124$

5 $734-331$

9 $369-165$

2 $442-211$

6 $835-513$

10 $974-313$

3 $725-324$

7 $618-206$

11 $579-420$

4 $345-110$

8 $956-125$

12 $876-664$

계산해 보세요.

13 $699-452$

14 $965-163$

15 $456-214$

16 $858-325$

17 $276-125$

18 $523-211$

19 $369-134$

20 $546-242$

21 $235-113$

22 $769-155$

23 $927-314$

24 $348-218$

25 $167-104$

26 $889-362$

27 $797-354$

28 $437-317$

29 $948-236$

30 $146-122$

31 $836-114$

32 $657-232$

33 $788-406$

받아내림이 없는 (세 자리 수) — (세 자리 수)

 계산해 보세요.

1 974−622

5 575−243

9 772−160

2 277−136

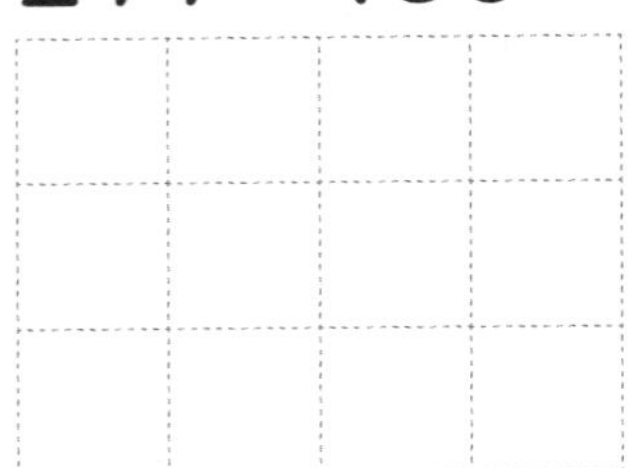

6 432−320

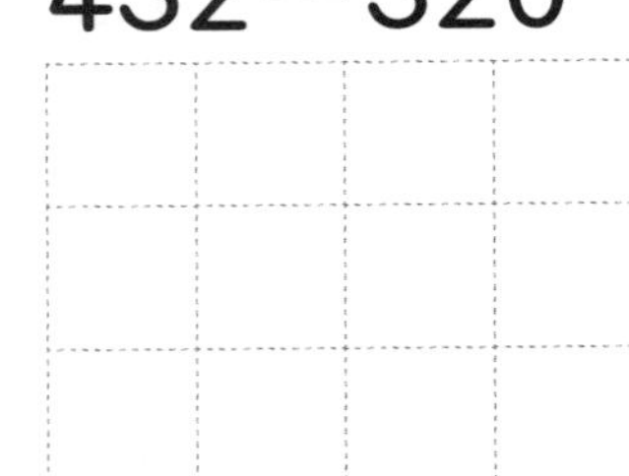

10 146−106

3 734−414

7 347−142

11 627−406

4 448−232

8 867−143

12 252−152

계산해 보세요.

13 $738-224$

14 $336-126$

15 $849-629$

16 $557-250$

17 $178-103$

18 $936-703$

19 $668-157$

20 $487-146$

21 $789-129$

22 $225-105$

23 $978-116$

24 $577-436$

25 $358-216$

26 $825-223$

27 $645-324$

28 $152-102$

29 $867-607$

30 $446-225$

31 $289-112$

32 $757-356$

33 $996-543$

5일 응용 받아내림이 없는 (세 자리 수) — (세 자리 수)

✎ 빈 곳에 알맞은 수를 써넣으세요.

1
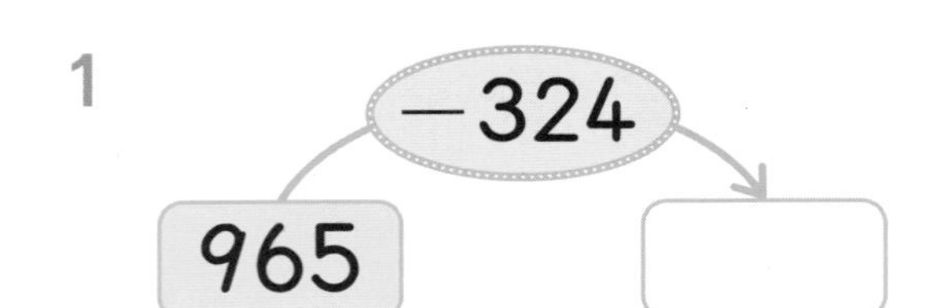

2
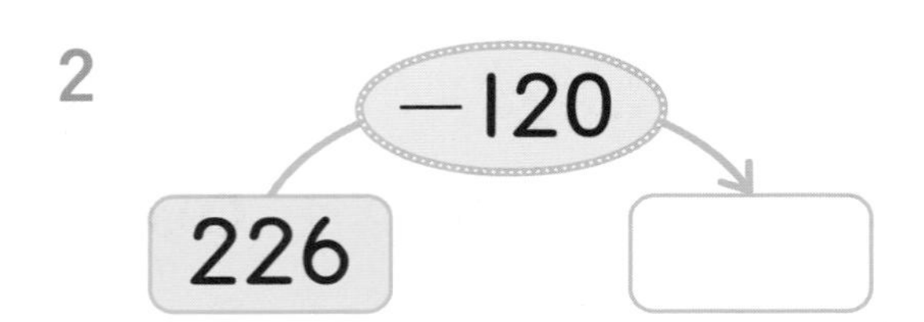

3
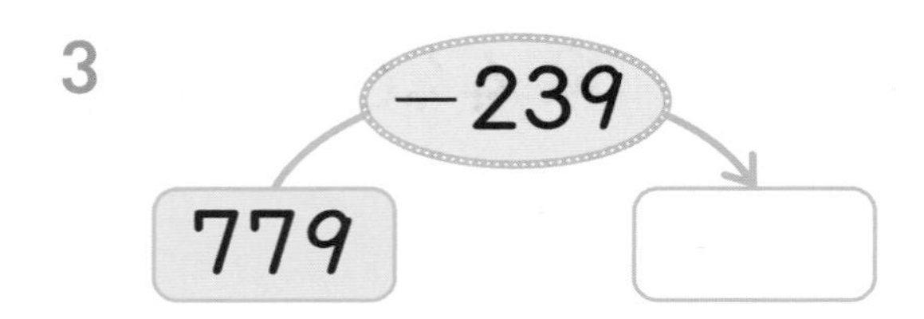

4
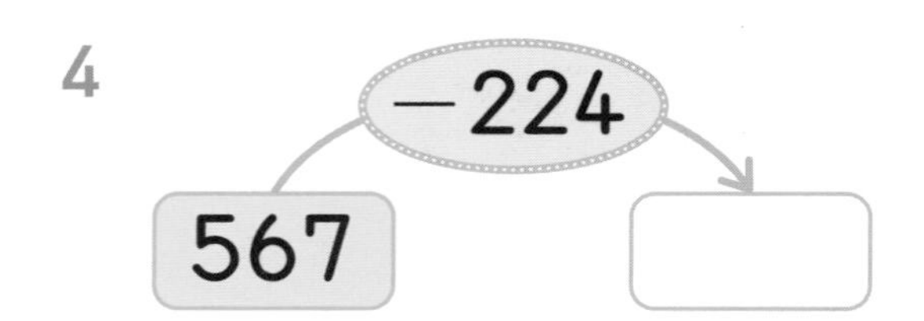

5
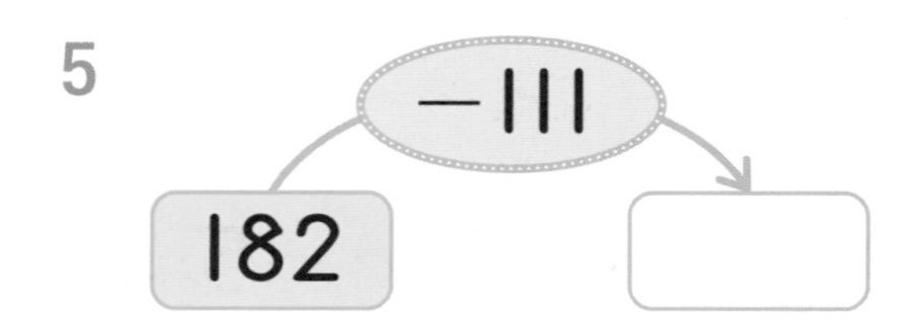

6
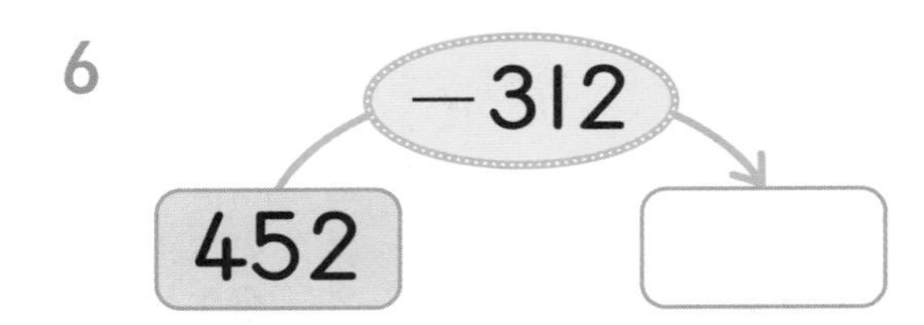

7
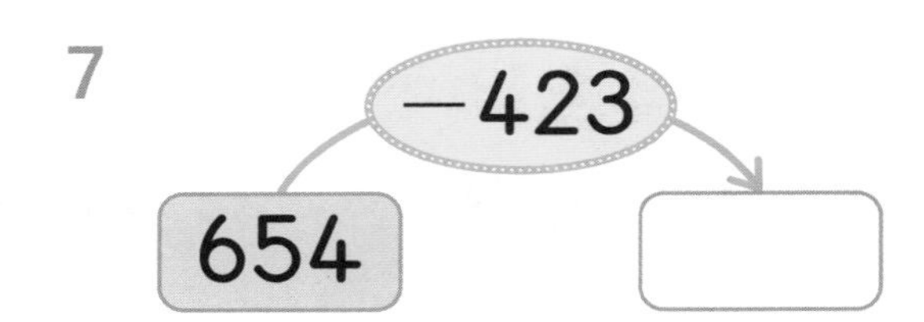

8
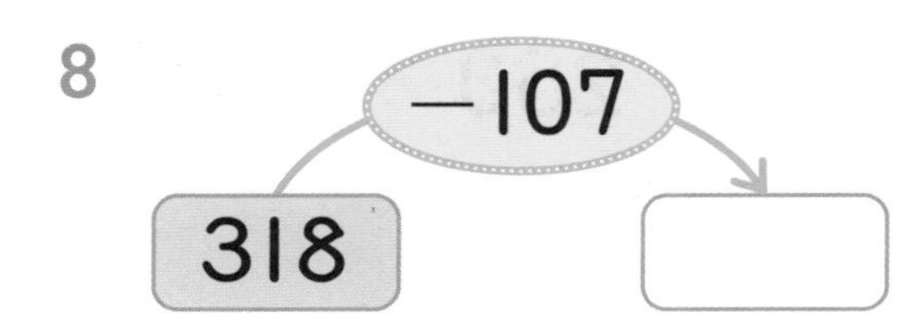

9
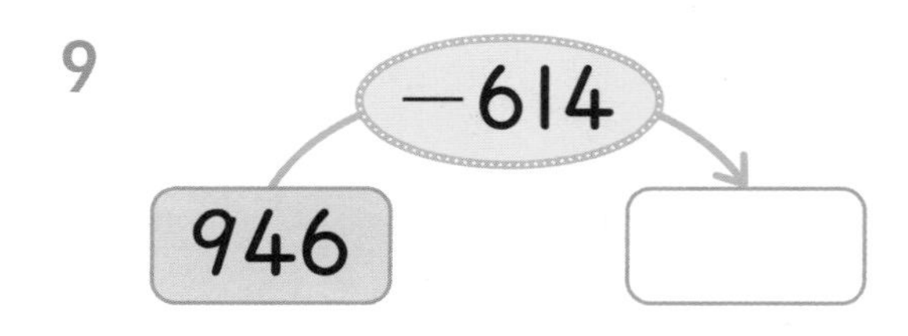

10
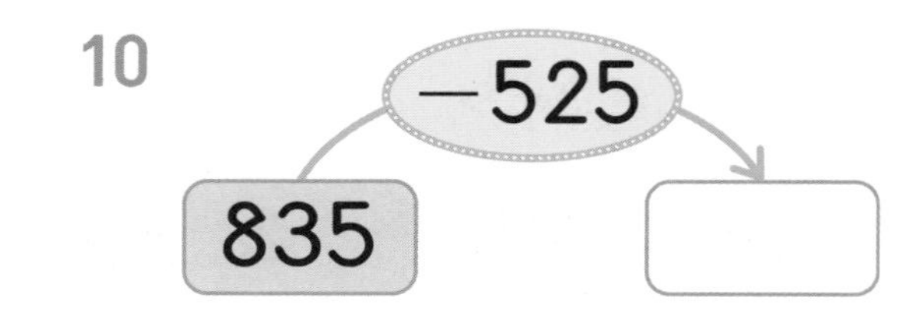

빈 곳에 알맞은 수를 써넣으세요.

11

867	−534	

16

589	−116	

12

346	−113	

17

287	−127	

13

637	−214	

18

735	−612	

14

987	−546	

19

129	−108	

15

474	−352	

20

883	−432	

스스로 평가

계산 결과를 따라 길을 가 보세요.

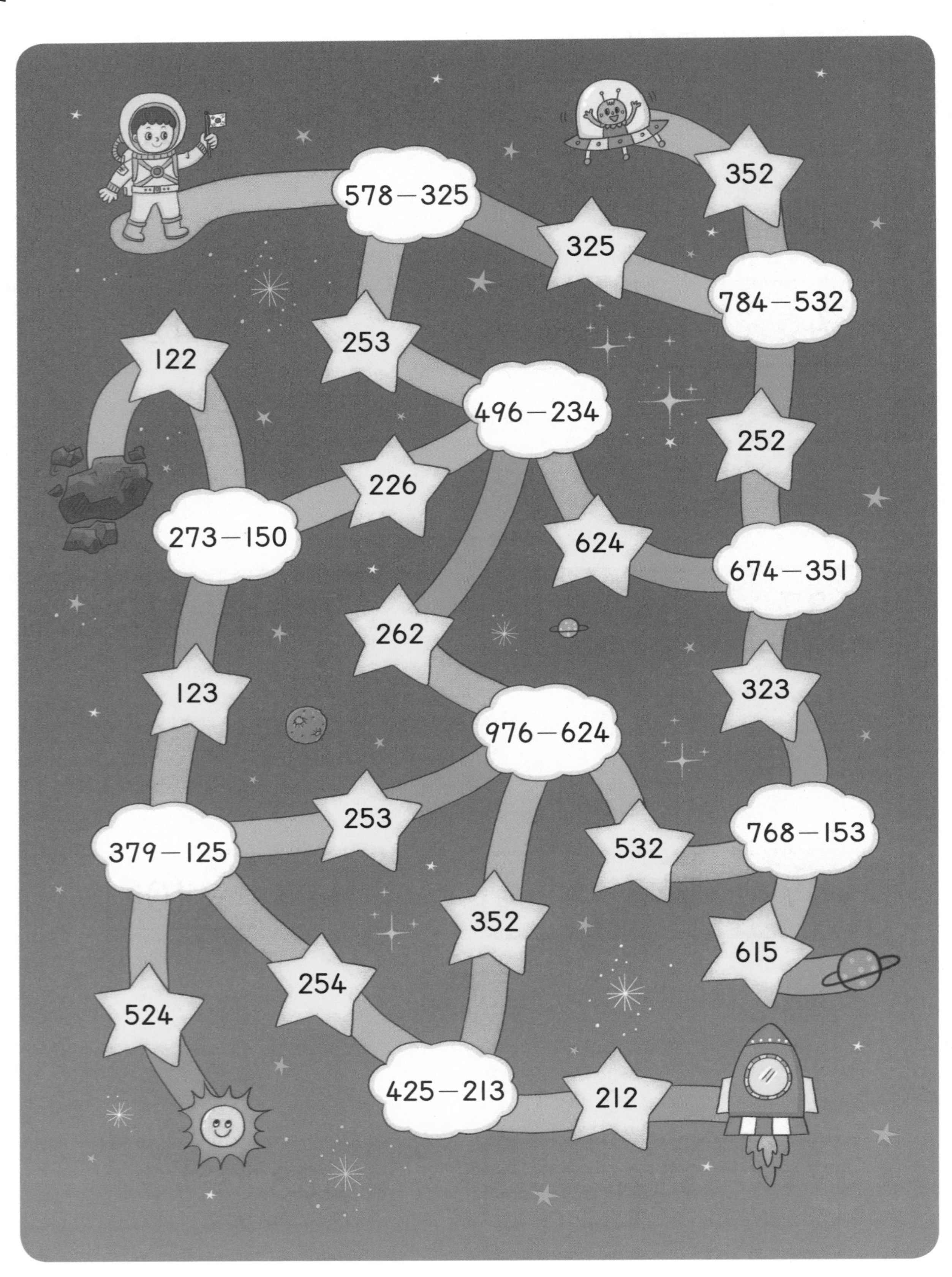

✎ 놀이공원의 지도를 보고 □ 안에 알맞은 수를 써넣으세요.

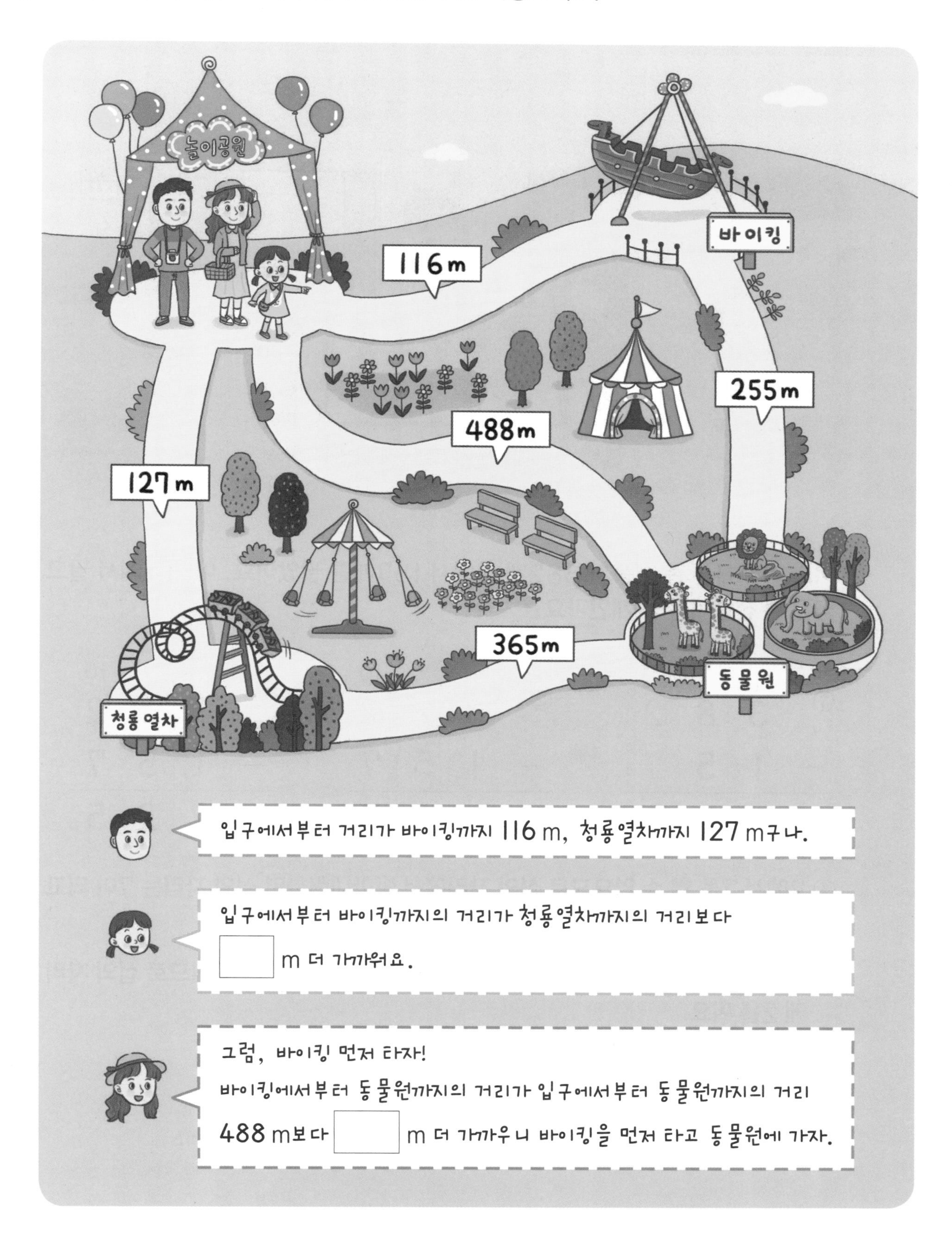
놀이공원
바이킹
116m
255m
488m
127m
365m
동물원
청룡열차
입구에서부터 거리가 바이킹까지 116 m, 청룡열차까지 127 m구나.
입구에서부터 바이킹까지의 거리가 청룡열차까지의 거리보다 □ m 더 가까워요.
그럼, 바이킹 먼저 타자!
바이킹에서부터 동물원까지의 거리가 입구에서부터 동물원까지의 거리 488 m보다 □ m 더 가까우니 바이킹을 먼저 타고 동물원에 가자.

받아내림이 1번 있는 (세 자리 수) — (세 자리 수)

어느 가게에서 손 선풍기 382개 중에서 157개를 팔았어요. 이 가게에서 팔고 남은 손 선풍기는 몇 개인가요?

①

		7	10
	3	~~8~~	2
−	1	5	7
			5

→ ②

		7	10
	3	~~8~~	2
−	1	5	7
		2	5

→ ③

		7	10
	3	~~8~~	2
−	1	5	7
	2	2	5

① 2에서 7을 뺄 수 없으므로 십의 자리에서 받아내림하면 십의 자리는 7이 되고 $12-7=5$이므로 일의 자리에 5를 써요.

② 일의 자리에 받아내림하고 남은 7에서 5를 빼면 $7-5=2$이므로 십의 자리에 2를 써요.

③ 백의 자리에서 $3-1=2$이므로 백의 자리에 2를 써요.

$382-157=225$이므로 가게에서 팔고 남은 손 선풍기는 225개예요.

일차	1일 학습	2일 학습	3일 학습	4일 학습	5일 학습
공부할 날	월 일	월 일	월 일	월 일	월 일

십의 자리에서 받아내림이 있는 (세 자리 수)−(세 자리 수)

세로셈

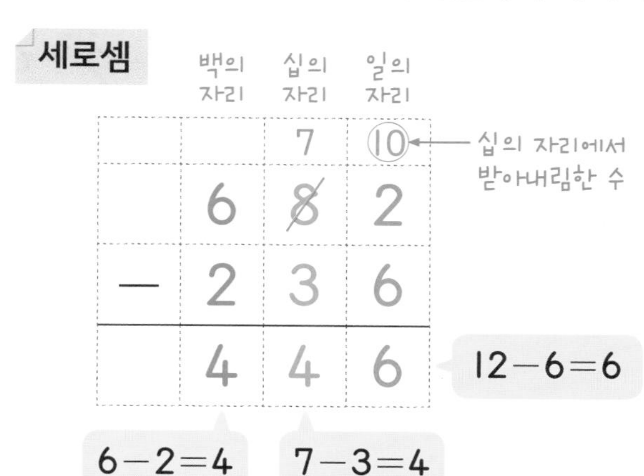

가로셈 763−347=416

		5	10
	7	6	3
−	3	4	7
	4	1	6

➡ 십의 자리에서 받아내림한 수 1은 10을 나타내요.
십의 자리 수에는 ╱를 표시하고 위에 1 작은 수를 작게 써요.

백의 자리에서 받아내림이 있는 (세 자리 수)−(세 자리 수)

세로셈

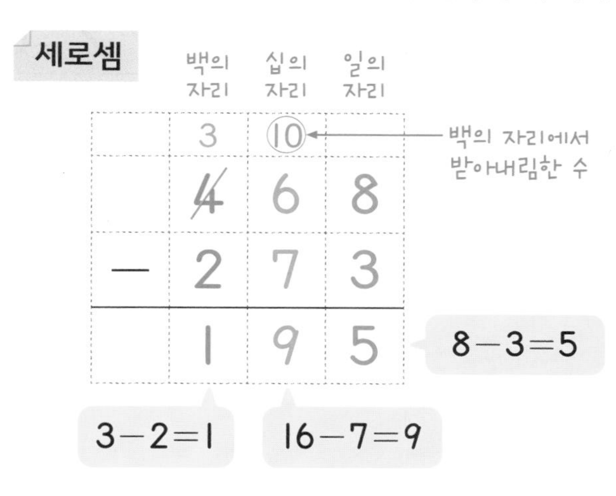

가로셈 529−176=353

	4	10	
	5	2	9
−	1	7	6
	3	5	3

개념 쏙쏙 노트

- 받아내림이 1번 있는 (세 자리 수)−(세 자리 수)
  ① 일의 자리부터 차례로 같은 자리의 수끼리 뺍니다.
  ② 같은 자리의 수끼리 뺄 수 없으면 바로 윗자리에서 받아내림하여 계산합니다.

1일 연습

받아내림이 1번 있는 (세 자리 수) — (세 자리 수)

계산해 보세요.

1

	1	4	5
—	1	3	9

2

	2	5	8
—	1	4	9

3

	4	2	2
—	2	1	7

4

	6	2	4
—	1	1	8

5

	9	4	3
—	6	0	7

6

	1	6	1
—	1	2	5

7

	3	2	3
—	1	0	4

8

	5	5	0
—	4	1	4

9

	7	4	6
—	5	8	2

10

	8	6	3
—	3	9	1

11

	4	3	8
—	2	9	5

12

	6	4	2
—	4	5	1

13

	9	7	4
—	2	8	3

14

	8	5	9
—	1	7	6

15

	7	1	8
—	3	3	4

 계산해 보세요.

16 $\begin{array}{r} 533 \\ -\ 225 \\ \hline \end{array}$

17 $\begin{array}{r} 436 \\ -\ 319 \\ \hline \end{array}$

18 $\begin{array}{r} 877 \\ -\ 529 \\ \hline \end{array}$

19 $\begin{array}{r} 294 \\ -\ 167 \\ \hline \end{array}$

20 $\begin{array}{r} 638 \\ -\ 119 \\ \hline \end{array}$

21 $\begin{array}{r} 544 \\ -\ 317 \\ \hline \end{array}$

22 $\begin{array}{r} 786 \\ -\ 279 \\ \hline \end{array}$

23 $\begin{array}{r} 345 \\ -\ 127 \\ \hline \end{array}$

24 $\begin{array}{r} 562 \\ -\ 136 \\ \hline \end{array}$

25 $\begin{array}{r} 458 \\ -\ 163 \\ \hline \end{array}$

26 $\begin{array}{r} 825 \\ -\ 293 \\ \hline \end{array}$

27 $\begin{array}{r} 576 \\ -\ 182 \\ \hline \end{array}$

28 $\begin{array}{r} 953 \\ -\ 591 \\ \hline \end{array}$

29 $\begin{array}{r} 617 \\ -\ 326 \\ \hline \end{array}$

30 $\begin{array}{r} 349 \\ -\ 153 \\ \hline \end{array}$

31 $\begin{array}{r} 854 \\ -\ 373 \\ \hline \end{array}$

32 $\begin{array}{r} 367 \\ -\ 182 \\ \hline \end{array}$

33 $\begin{array}{r} 782 \\ -\ 490 \\ \hline \end{array}$

스스로 평가

2일 반복

받아내림이 1번 있는 (세 자리 수) − (세 자리 수)

계산해 보세요.

1

	2	9	7
−	1	0	8

2

	3	5	1
−	1	1	3

3

	5	2	5
−	2	1	6

4

	6	9	7
−	3	6	9

5

	8	4	1
−	3	2	3

6

	8	6	2
−	2	3	5

7

	4	5	2
−	3	2	5

8

	6	8	5
−	1	1	7

9

	8	1	9
−	6	9	3

10

	9	3	7
−	5	8	4

11

	5	4	3
−	3	9	2

12

	7	5	9
−	2	7	5

13

	9	1	4
−	5	2	2

14

	6	3	5
−	2	9	1

15

	4	3	8
−	1	6	3

계산해 보세요.

16
$$\begin{array}{r} 592 \\ -\ 168 \\ \hline \end{array}$$

17
$$\begin{array}{r} 975 \\ -\ 547 \\ \hline \end{array}$$

18
$$\begin{array}{r} 441 \\ -\ 234 \\ \hline \end{array}$$

19
$$\begin{array}{r} 657 \\ -\ 439 \\ \hline \end{array}$$

20
$$\begin{array}{r} 311 \\ -\ 105 \\ \hline \end{array}$$

21
$$\begin{array}{r} 778 \\ -\ 329 \\ \hline \end{array}$$

22
$$\begin{array}{r} 661 \\ -\ 324 \\ \hline \end{array}$$

23
$$\begin{array}{r} 392 \\ -\ 186 \\ \hline \end{array}$$

24
$$\begin{array}{r} 825 \\ -\ 308 \\ \hline \end{array}$$

25
$$\begin{array}{r} 758 \\ -\ 382 \\ \hline \end{array}$$

26
$$\begin{array}{r} 466 \\ -\ 184 \\ \hline \end{array}$$

27
$$\begin{array}{r} 519 \\ -\ 262 \\ \hline \end{array}$$

28
$$\begin{array}{r} 619 \\ -\ 241 \\ \hline \end{array}$$

29
$$\begin{array}{r} 855 \\ -\ 571 \\ \hline \end{array}$$

30
$$\begin{array}{r} 343 \\ -\ 162 \\ \hline \end{array}$$

31
$$\begin{array}{r} 927 \\ -\ 432 \\ \hline \end{array}$$

32
$$\begin{array}{r} 734 \\ -\ 591 \\ \hline \end{array}$$

33
$$\begin{array}{r} 625 \\ -\ 263 \\ \hline \end{array}$$

스스로 평가

받아내림이 1번 있는 (세 자리 수) — (세 자리 수)

계산해 보세요.

1 462 − 125

2 546 − 283

3 327 − 195

4 493 − 168

5 648 − 262

6 943 − 228

7 476 − 268

8 759 − 196

9 611 − 204

10 913 − 421

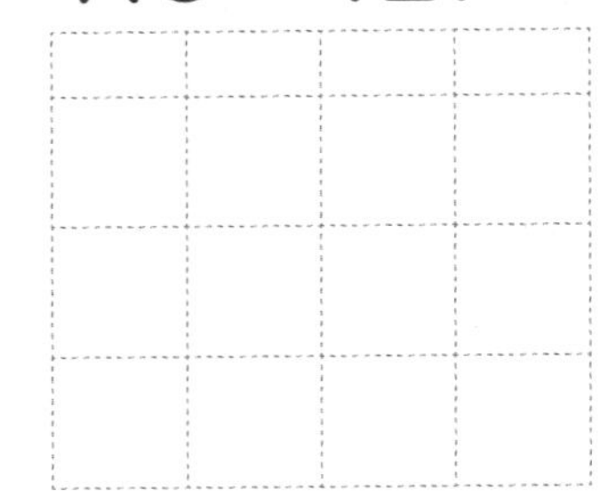

11 536 − 117

12 625 − 374

계산해 보세요.

13 432－161

14 377－159

15 724－392

16 256－128

17 672－114

18 987－293

19 943－318

20 767－228

21 659－368

22 894－469

23 817－332

24 936－673

25 583－467

26 819－426

27 525－341

28 288－129

29 728－276

30 745－228

31 326－107

32 419－158

33 962－238

받아내림이 1번 있는 (세 자리 수) — (세 자리 수)

 계산해 보세요.

1 273 − 165

5 288 − 129

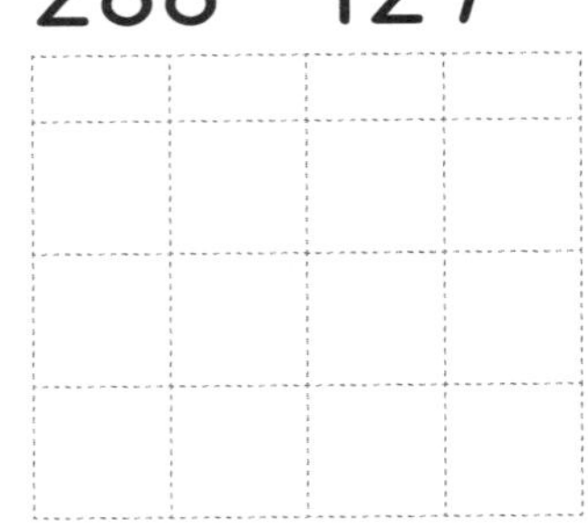

9 576 − 295

2 439 − 192

6 391 − 174

10 590 − 203

3 633 − 219

7 915 − 273

11 841 − 213

4 763 − 581

8 854 − 163

12 627 − 254

계산해 보세요.

13 716－323

14 425－319

15 642－218

16 549－287

17 864－259

18 277－108

19 928－431

20 477－168

21 837－694

22 429－186

23 913－409

24 352－133

25 635－284

26 483－164

27 753－581

28 332－117

29 552－314

30 569－182

31 387－194

32 846－639

33 625－262

스스로 평가

5일 응용

받아내림이 1번 있는 (세 자리 수) — (세 자리 수)

□ 안에 알맞은 수를 써넣으세요.

1 635 → −217 → □

2 956 → −482 → □

3 326 → −119 → □

4 409 → −118 → □

5 544 → −417 → □

6 736 → −583 → □

7 452 → −128 → □

8 834 → −406 → □

9 834 → −152 → □

10 976 → −491 → □

두 수의 차를 빈 곳에 써넣으세요.

11

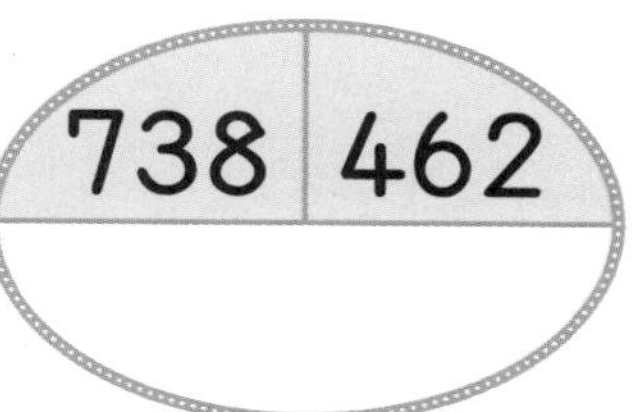

16

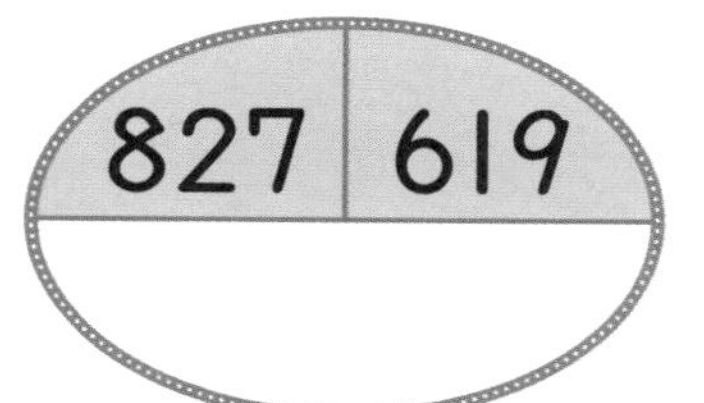

12

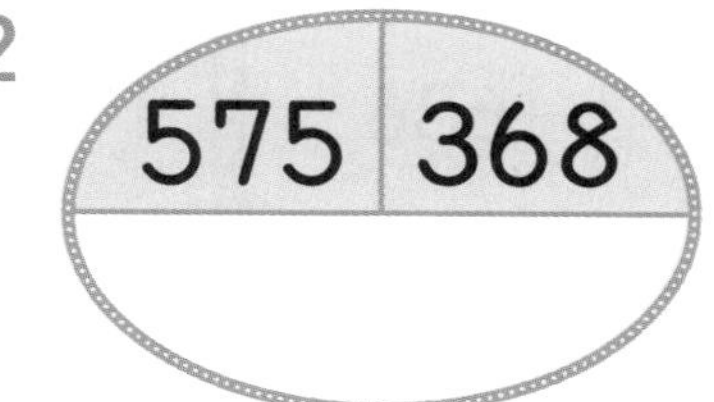

17

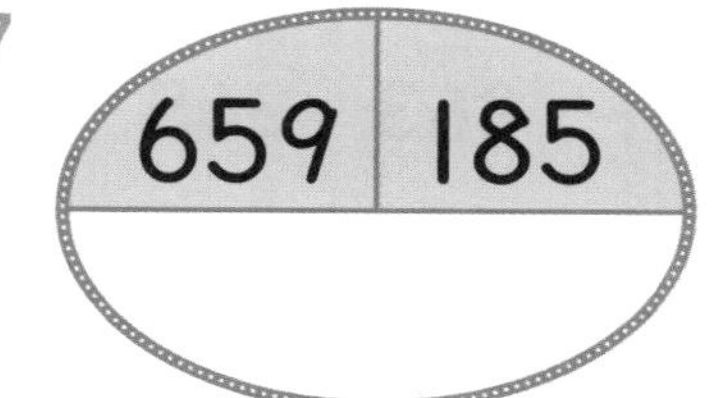

13

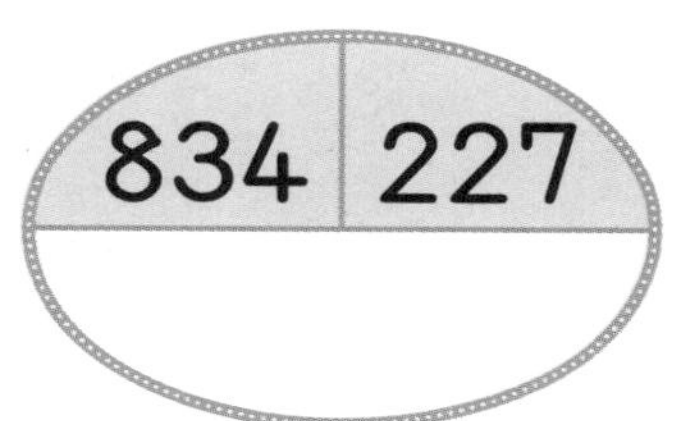

18

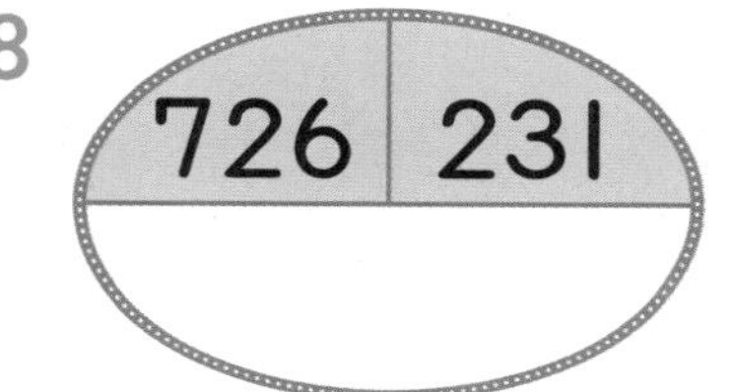

14

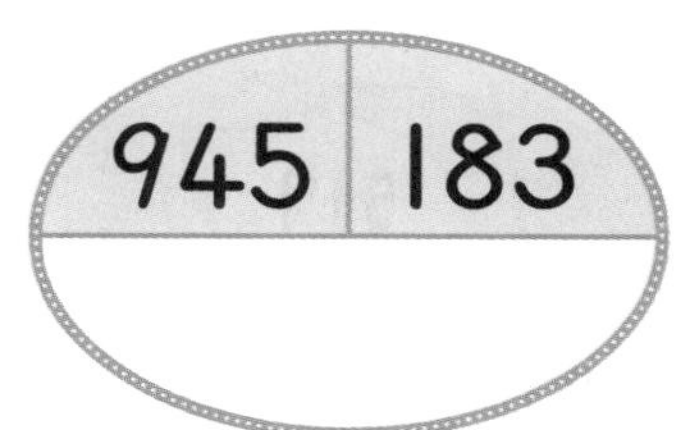

19

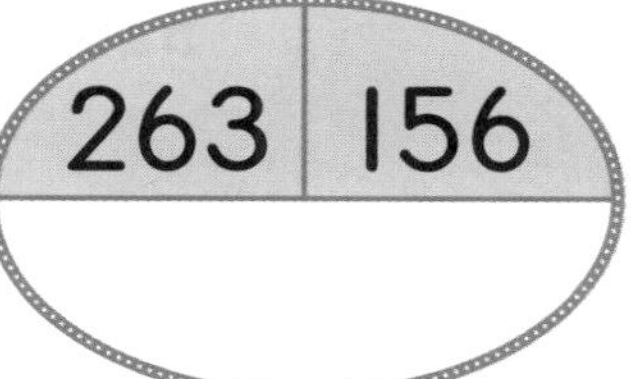

15

20

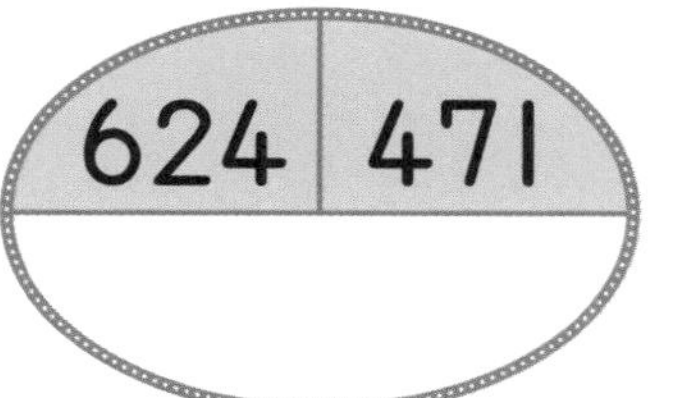

스스로 평가

계산 결과를 찾아 색칠해 보세요.

주어진 가로 · 세로 열쇠를 보고 퍼즐을 완성해 보세요.

받아내림이 2번 있는 (세 자리 수) — (세 자리 수)

돌고래의 무게는 571 kg이고 상어의 무게는 돌고래의 무게보다 293 kg 더 가벼워요. 상어의 무게는 몇 kg인가요?

①
		6	10
	5	~~7~~	1
−	2	9	3
			8

→ ②
	4	16	10
	~~5~~	~~7~~	1
−	2	9	3
		7	8

→ ③
	4	16	10
	~~5~~	~~7~~	1
−	2	9	3
	2	7	8

① 1에서 3을 뺄 수 없으므로 십의 자리에서 받아내림하여 계산하면 11−3=8이므로 일의 자리에 8을 써요.

② 일의 자리에 받아내림하고 남은 6에서 9를 뺄 수 없으므로 백의 자리에서 받아내림하여 계산하면 16−9=7이므로 십의 자리에 7을 써요.

③ 십의 자리에 받아내림하고 남은 4에서 2를 빼면 4−2=2이므로 백의 자리에 2를 써요.

571−293=278이므로 상어의 무게는 278 kg이에요.

일차	1일 학습	2일 학습	3일 학습	4일 학습	5일 학습
공부할 날	월 일	월 일	월 일	월 일	월 일

세로셈

	백의 자리	십의 자리	일의 자리
	7	14	10
	~~8~~	~~5~~	3
—	3	7	5
	4	7	8

13−5=8

7−3=4

14−7=7

	백의 자리	십의 자리	일의 자리
	5	12	10
	~~6~~	~~3~~	2
—	1	5	4
	4	7	8

➡ **십의 자리는 일의 자리로 받아내림하면 1이 작아지고 백의 자리에서 받아내림하면 다시 10이 커져요.**

가로셈

624−286=338

	백의 자리	십의 자리	일의 자리
	5	11	10
	~~6~~	~~2~~	4
—	2	8	6
	3	3	8

14−6=8

5−2=3

11−8=3

703−528=175

	백의 자리	십의 자리	일의 자리
	6	9	10
	~~7~~	~~0~~	3
—	5	2	8
	1	7	5

받아내림한 수에 주의하여 계산해요.

개념 쏙쏙 노트

- 받아내림이 2번 있는 (세 자리 수)−(세 자리 수)
  ① 일의 자리부터 차례로 같은 자리의 수끼리 뺍니다.
  ② 같은 자리의 수끼리 뺄 수 없으면 바로 윗자리에서 받아내림하여 계산합니다.

1일 연습

받아내림이 2번 있는 (세 자리 수) — (세 자리 수)

계산해 보세요.

1
$$\begin{array}{r} 300 \\ -\ 125 \\ \hline \end{array}$$

2
$$\begin{array}{r} 404 \\ -\ 217 \\ \hline \end{array}$$

3
$$\begin{array}{r} 352 \\ -\ 157 \\ \hline \end{array}$$

4
$$\begin{array}{r} 601 \\ -\ 234 \\ \hline \end{array}$$

5
$$\begin{array}{r} 235 \\ -\ 146 \\ \hline \end{array}$$

6
$$\begin{array}{r} 600 \\ -\ 492 \\ \hline \end{array}$$

7
$$\begin{array}{r} 324 \\ -\ 146 \\ \hline \end{array}$$

8
$$\begin{array}{r} 702 \\ -\ 546 \\ \hline \end{array}$$

9
$$\begin{array}{r} 527 \\ -\ 359 \\ \hline \end{array}$$

10
$$\begin{array}{r} 823 \\ -\ 258 \\ \hline \end{array}$$

11
$$\begin{array}{r} 422 \\ -\ 286 \\ \hline \end{array}$$

12
$$\begin{array}{r} 901 \\ -\ 649 \\ \hline \end{array}$$

13
$$\begin{array}{r} 643 \\ -\ 368 \\ \hline \end{array}$$

14
$$\begin{array}{r} 730 \\ -\ 334 \\ \hline \end{array}$$

15
$$\begin{array}{r} 911 \\ -\ 736 \\ \hline \end{array}$$

계산해 보세요.

16
$$\begin{array}{r} 827 \\ -\ 549 \\ \hline \end{array}$$

17
$$\begin{array}{r} 677 \\ -\ 278 \\ \hline \end{array}$$

18
$$\begin{array}{r} 495 \\ -\ 198 \\ \hline \end{array}$$

19
$$\begin{array}{r} 627 \\ -\ 369 \\ \hline \end{array}$$

20
$$\begin{array}{r} 364 \\ -\ 167 \\ \hline \end{array}$$

21
$$\begin{array}{r} 394 \\ -\ 298 \\ \hline \end{array}$$

22
$$\begin{array}{r} 498 \\ -\ 299 \\ \hline \end{array}$$

23
$$\begin{array}{r} 712 \\ -\ 256 \\ \hline \end{array}$$

24
$$\begin{array}{r} 974 \\ -\ 485 \\ \hline \end{array}$$

25
$$\begin{array}{r} 396 \\ -\ 198 \\ \hline \end{array}$$

26
$$\begin{array}{r} 330 \\ -\ 242 \\ \hline \end{array}$$

27
$$\begin{array}{r} 792 \\ -\ 195 \\ \hline \end{array}$$

28
$$\begin{array}{r} 613 \\ -\ 317 \\ \hline \end{array}$$

29
$$\begin{array}{r} 348 \\ -\ 169 \\ \hline \end{array}$$

30
$$\begin{array}{r} 514 \\ -\ 158 \\ \hline \end{array}$$

31
$$\begin{array}{r} 463 \\ -\ 288 \\ \hline \end{array}$$

32
$$\begin{array}{r} 776 \\ -\ 488 \\ \hline \end{array}$$

33
$$\begin{array}{r} 605 \\ -\ 366 \\ \hline \end{array}$$

스스로 평가

2일 반복

받아내림이 2번 있는 (세 자리 수) — (세 자리 수)

계산해 보세요.

1
$$\begin{array}{r} 310 \\ -\ 123 \\ \hline \end{array}$$

2
$$\begin{array}{r} 522 \\ -\ 347 \\ \hline \end{array}$$

3
$$\begin{array}{r} 704 \\ -\ 128 \\ \hline \end{array}$$

4
$$\begin{array}{r} 413 \\ -\ 224 \\ \hline \end{array}$$

5
$$\begin{array}{r} 602 \\ -\ 275 \\ \hline \end{array}$$

6
$$\begin{array}{r} 722 \\ -\ 344 \\ \hline \end{array}$$

7
$$\begin{array}{r} 908 \\ -\ 439 \\ \hline \end{array}$$

8
$$\begin{array}{r} 810 \\ -\ 537 \\ \hline \end{array}$$

9
$$\begin{array}{r} 923 \\ -\ 757 \\ \hline \end{array}$$

10
$$\begin{array}{r} 806 \\ -\ 228 \\ \hline \end{array}$$

11
$$\begin{array}{r} 812 \\ -\ 324 \\ \hline \end{array}$$

12
$$\begin{array}{r} 400 \\ -\ 117 \\ \hline \end{array}$$

13
$$\begin{array}{r} 631 \\ -\ 233 \\ \hline \end{array}$$

14
$$\begin{array}{r} 861 \\ -\ 199 \\ \hline \end{array}$$

15
$$\begin{array}{r} 653 \\ -\ 377 \\ \hline \end{array}$$

 계산해 보세요.

16
$$\begin{array}{r} 310 \\ -\ 136 \\ \hline \end{array}$$

17
$$\begin{array}{r} 588 \\ -\ 289 \\ \hline \end{array}$$

18
$$\begin{array}{r} 706 \\ -\ 468 \\ \hline \end{array}$$

19
$$\begin{array}{r} 920 \\ -\ 263 \\ \hline \end{array}$$

20
$$\begin{array}{r} 425 \\ -\ 237 \\ \hline \end{array}$$

21
$$\begin{array}{r} 635 \\ -\ 279 \\ \hline \end{array}$$

22
$$\begin{array}{r} 722 \\ -\ 257 \\ \hline \end{array}$$

23
$$\begin{array}{r} 408 \\ -\ 169 \\ \hline \end{array}$$

24
$$\begin{array}{r} 623 \\ -\ 456 \\ \hline \end{array}$$

25
$$\begin{array}{r} 885 \\ -\ 398 \\ \hline \end{array}$$

26
$$\begin{array}{r} 390 \\ -\ 195 \\ \hline \end{array}$$

27
$$\begin{array}{r} 574 \\ -\ 288 \\ \hline \end{array}$$

28
$$\begin{array}{r} 631 \\ -\ 342 \\ \hline \end{array}$$

29
$$\begin{array}{r} 936 \\ -\ 478 \\ \hline \end{array}$$

30
$$\begin{array}{r} 556 \\ -\ 179 \\ \hline \end{array}$$

31
$$\begin{array}{r} 374 \\ -\ 186 \\ \hline \end{array}$$

32
$$\begin{array}{r} 441 \\ -\ 176 \\ \hline \end{array}$$

33
$$\begin{array}{r} 738 \\ -\ 489 \\ \hline \end{array}$$

스스로 평가

3일 반복

받아내림이 2번 있는 (세 자리 수) — (세 자리 수)

계산해 보세요.

1 $206-138$

2 $518-329$

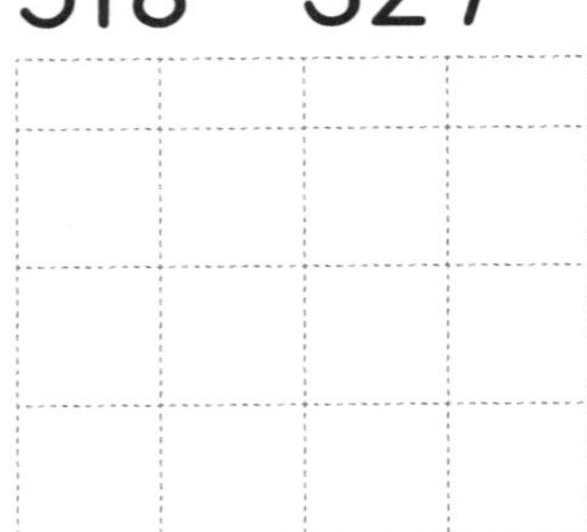

3 $652-375$

4 $715-457$

5 $421-225$

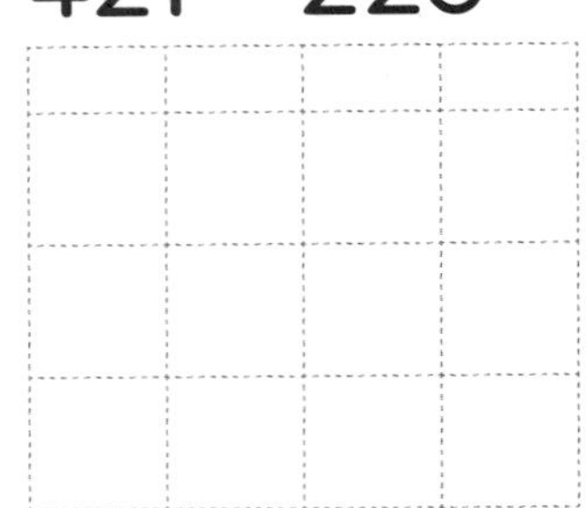

6 $831-654$

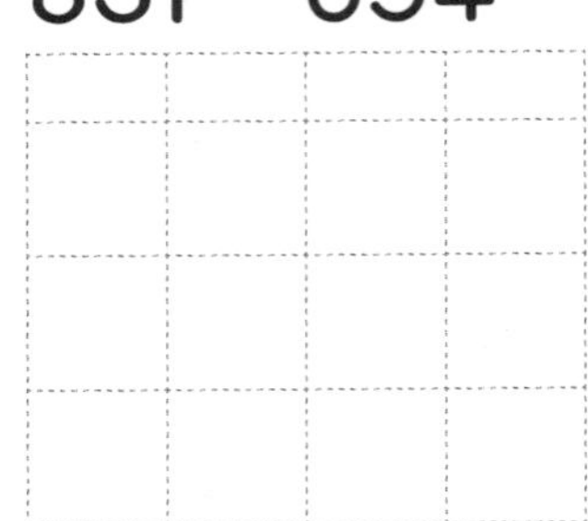

7 $816-329$

8 $702-147$

9 $403-217$

10 $610-326$

11 $402-197$

12 $623-228$

계산해 보세요.

13 $910-367$

14 $415-127$

15 $954-278$

16 $546-148$

17 $843-367$

18 $332-156$

19 $744-255$

20 $577-188$

21 $811-353$

22 $316-167$

23 $645-258$

24 $990-395$

25 $447-268$

26 $661-476$

27 $761-265$

28 $942-677$

29 $431-243$

30 $875-288$

31 $380-197$

32 $562-376$

33 $727-169$

스스로 평가

4일 반복

받아내림이 2번 있는 (세 자리 수) − (세 자리 수)

 계산해 보세요.

1 610 − 397

2 312 − 188

3 903 − 329

4 535 − 357

5 721 − 257

6 631 − 358

7 407 − 228

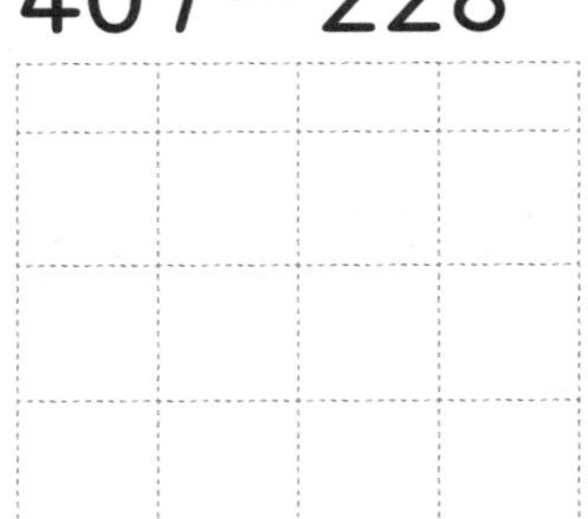

8 822 − 649

9 413 − 267

10 652 − 376

11 735 − 448

12 622 − 284

계산해 보세요.

13 687−489

14 473−177

15 770−292

16 524−177

17 342−196

18 984−396

19 607−278

20 853−378

21 508−229

22 326−168

23 952−487

24 481−286

25 805−167

26 754−477

27 457−289

28 968−699

29 671−284

30 786−288

31 358−189

32 540−361

33 821−487

스스로 평가

5일 응용

받아내림이 2번 있는 (세 자리 수) — (세 자리 수)

빈 곳에 알맞은 수를 써넣으세요.

1
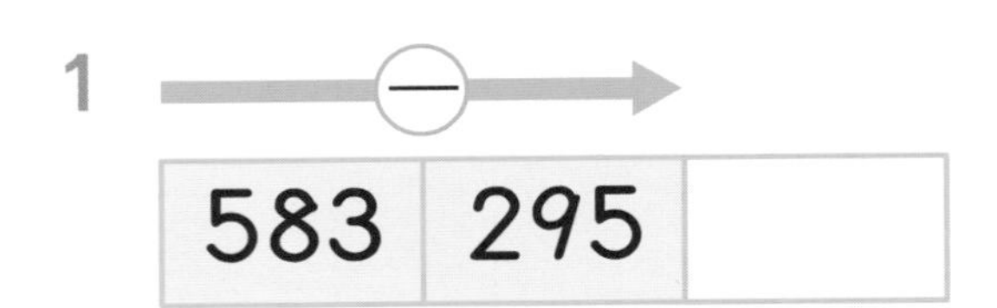

2
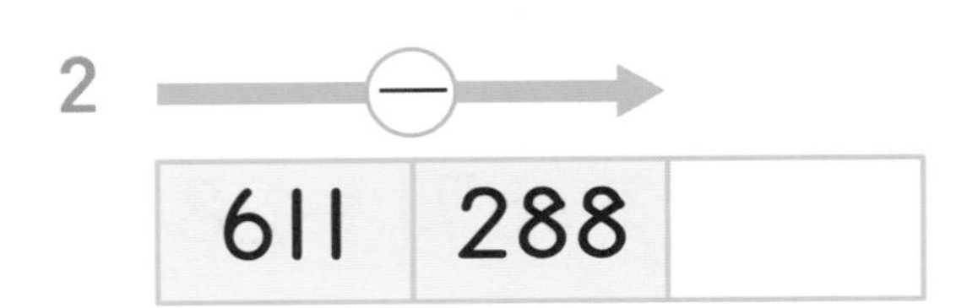

3
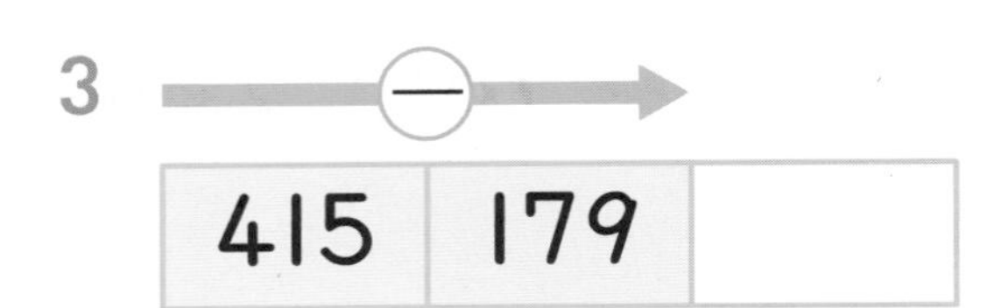

4 —

971	278	

5 —

382	197	

6
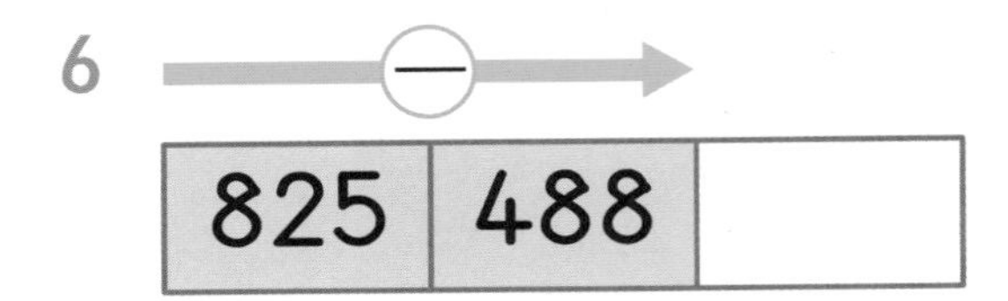

7
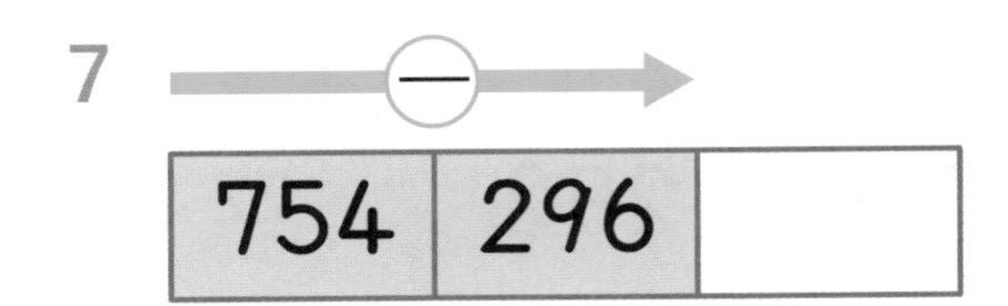

8

9
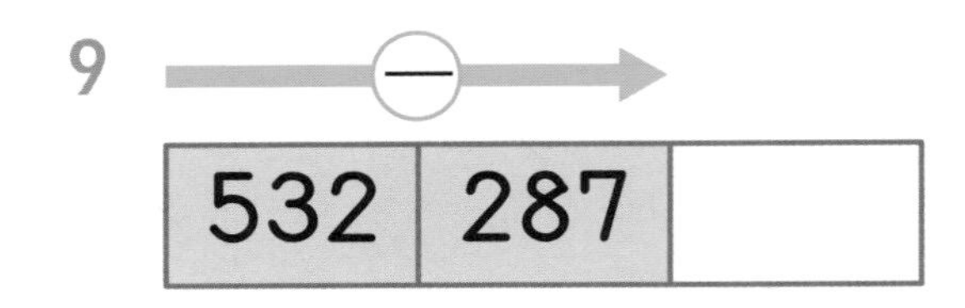

10
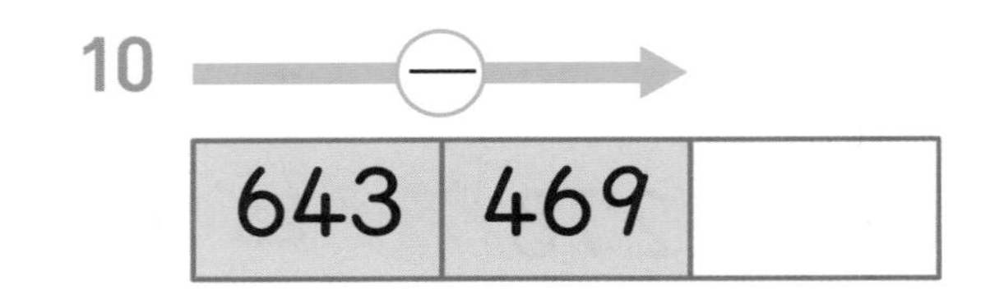

 빈 곳에 두 수의 차를 써넣으세요.

11

723	259

16

655	286

12

934	368

17

320	157

13

433	189

18

952	386

14

842	269

19

464	188

15

20

771	284

스스로 평가

9주 생각 수학

✎ 길을 따라 계산하여 빈 곳에 계산 결과를 알맞게 써넣으세요.

친구들이 가지고 있는 수 카드 중에서 가장 큰 수와 가장 작은 수를 각각 골라 두 수의 차를 구해 보세요.

☐ − ☐ = ☐

☐ − ☐ = ☐

☐ − ☐ = ☐

☐ − ☐ = ☐

세 자리 수의 덧셈과 뺄셈 종합

수현이는 노란색 리본 183 cm와 초록색 리본 176 cm를 겹치지 않게 한 줄로 이었고, 희진이는 보라색 리본 427 cm 중에서 183 cm를 잘라 동생에게 주었어요. 수현이와 희진이 중에서 더 긴 리본을 가지고 있는 사람은 누구인가요?

수현이가 가지고 있는 리본의 길이

	1		
	1	8	3
+	1	7	6
	3	5	9

희진이가 가지고 있는 리본의 길이

	3	10	
	~~4~~	2	7
−	1	8	3
	2	4	4

➡ 359와 244의 크기를 비교하면 359 > 244예요.

359와 244 중에서 더 큰 수는 359이므로 수현이와 희진이 중에서 더 긴 리본을 가지고 있는 사람은 수현이에요.

일차	1일 학습	2일 학습	3일 학습	4일 학습	5일 학습
공부할 날	월 일	월 일	월 일	월 일	월 일

계산 결과의 크기 비교하기

• 계산 결과가 더 큰 쪽에 ○표 하세요.

458+274 (○)　　763−179 (　　)

	1	1	
	4	5	8
+	2	7	4
	7	3	2

	6	15	10
	7	6	3
−	1	7	9
	5	8	4

각각 계산을 하고 계산 결과를 비교하면 732>584이므로 458+274에 ○표를 해요.

□ 안에 알맞은 수 구하기

273+□=528　　□+387=726

528−273=□ ➡ □=255　　726−387=□ ➡ □=339

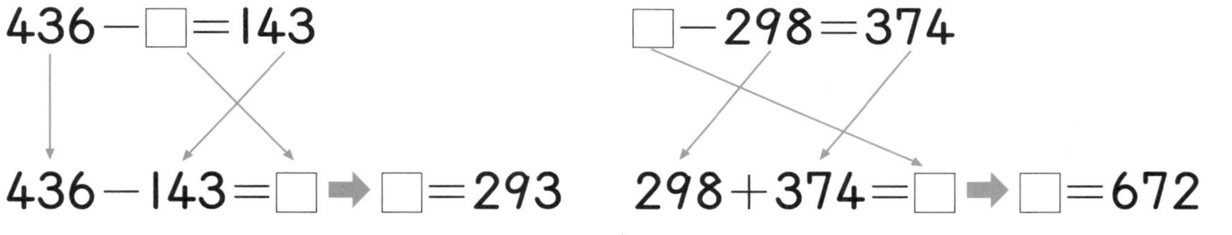

436−□=143　　□−298=374

436−143=□ ➡ □=293　　298+374=□ ➡ □=672

개념 쏙쏙 노트

• 계산 결과의 크기를 비교할 때에는 먼저 각각의 식을 계산하고 계산 결과의 크기를 비교합니다.

• 덧셈식과 뺄셈식의 관계를 이용해서 □를 '='의 오른쪽으로 오도록 식을 만들고 □를 구합니다.

세 자리 수의 덧셈과 뺄셈 종합

계산을 하고 계산 결과의 크기를 비교하여 더 큰 쪽에 ○표 하세요.

1

$173+359=\square$ ( )

$723-258=\square$ ( )

2

$137+265=\square$ ( )

$224+193=\square$ ( )

3

$682-288=\square$ ( )

$564-146=\square$ ( )

4

$236+185=\square$ ( )

$626-184=\square$ ( )

5

$521-276=\square$ ( )

$117+125=\square$ ( )

6

$365+377=\square$ ( )

$132+694=\square$ ( )

계산을 하고 계산 결과의 크기를 비교하여 더 작은 쪽에 △표 하세요.

7 $178+182=\square$ ( ) $590-234=\square$ ( )

8 $532-299=\square$ ( ) $123+178=\square$ ( )

9 $236+227=\square$ ( ) $481-108=\square$ ( )

10 $387+245=\square$ ( ) $214+456=\square$ ( )

11 $827-538=\square$ ( ) $686-349=\square$ ( )

12 $436-177=\square$ ( ) $504-303=\square$ ( )

스스로 평가

2일 반복

세 자리 수의 덧셈과 뺄셈 종합

계산을 하고 계산 결과의 크기를 비교하여 더 큰 쪽에 ○표 하세요.

1 $152+178=\square$ ( ) $207+126=\square$ ( )

2 $213+168=\square$ ( ) $787-348=\square$ ( )

3 $752-485=\square$ ( ) $512-246=\square$ ( )

4 $622-277=\square$ ( ) $135+227=\square$ ( )

5 $517+428=\square$ ( ) $667+275=\square$ ( )

6 $263+171=\square$ ( ) $832-372=\square$ ( )

계산을 하고 계산 결과의 크기를 비교하여 더 작은 쪽에 △표 하세요.

7 $612-246=\square$ ( ) $773-425=\square$ ( )

8 $247+188=\square$ ( ) $617-252=\square$ ( )

9 $462+488=\square$ ( ) $428+526=\square$ ( )

10 $172+154=\square$ ( ) $537-210=\square$ ( )

11 $456-159=\square$ ( ) $565-258=\square$ ( )

12 $226+378=\square$ ( ) $395+188=\square$ ( )

스스로 평가

세 자리 수의 덧셈과 뺄셈 종합

□ 안에 알맞은 수를 써넣으세요.

1 186 + □ = 425

425 − 186 = □

7 □ + 367 = 726

726 − 367 = □

2 313 + □ = 537

8 □ + 182 = 423

3 287 + □ = 412

9 □ + 226 = 542

4 226 + □ = 683

10 □ + 334 = 696

5 178 + □ = 834

11 □ + 274 = 812

6 361 + □ = 727

12 □ + 167 = 533

□ 안에 알맞은 수를 써넣으세요.

13 $518 - \square = 234$

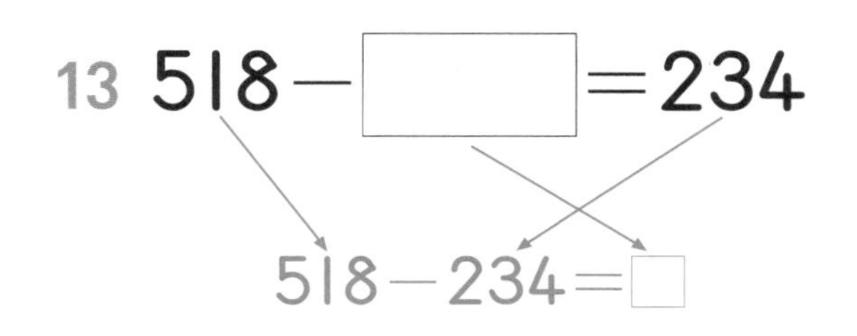

19 $\square - 356 = 253$

356＋253＝□

14 $463 - \square = 117$

20 $\square - 177 = 335$

15 $711 - \square = 265$

21 $\square - 236 = 221$

16 $649 - \square = 468$

22 $\square - 379 = 188$

17 $525 - \square = 186$

23 $\square - 464 = 216$

18 $472 - \square = 239$

24 $\square - 289 = 268$

스스로 평가

세 자리 수의 덧셈과 뺄셈 종합

□ 안에 알맞은 수를 써넣으세요.

1 $137+\square=519$

2 $\square-224=173$

3 $\square-166=422$

4 $812-\square=245$

5 $\square-156=291$

6 $363+\square=681$

7 $\square-478=369$

8 $\square+393=613$

9 $327-\square=156$

10 $287+\square=439$

11 $\square-275=347$

12 $\square+414=562$

13 $452-\square=285$

14 $\square+256=624$

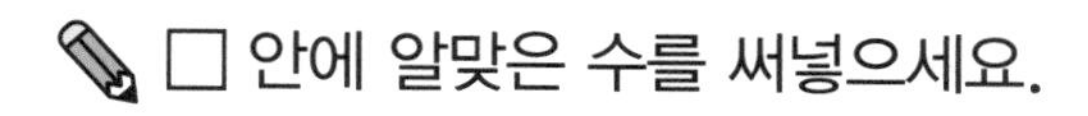

15 $187+\square=712$

16 $745-\square=266$

17 $\square-189=752$

18 $421+\square=648$

19 $833-\square=357$

20 $\square+322=431$

21 $\square-436=252$

22 $930-\square=256$

23 $265+\square=432$

24 $\square+169=533$

25 $\square-278=365$

26 $\square+425=741$

27 $462+\square=810$

28 $738-\square=392$

스스로 평가

세 자리 수의 덧셈과 뺄셈 종합

□ 안에 알맞은 수를 써넣으세요.

1 □ → +258 → 630

2 □ → −316 → 438

3 □ → +342 → 550

4 □ → −275 → 519

5 □ → −278 → 149

6 442 → −□ → 265

7 119 → +□ → 262

8 196 → +□ → 562

9 620 → −□ → 268

10 727 → +□ → 912

 빈 곳에 알맞은 수를 써넣으세요.

11 (+)

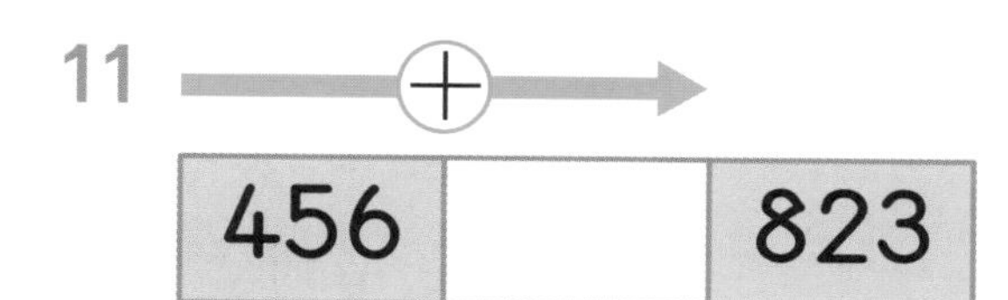

456		823

16 (−)

564		287

12 (−)

	375	247

17 (+)

	466	635

13 (−)

723		165

18 (+)

	244	423

14 (+)

324		560

19 (−)

509		167

15 (−)

	443	369

20 (−)

	254	277

갈림길에서 계산 결과가 큰 쪽을 따라 길을 가 보세요.

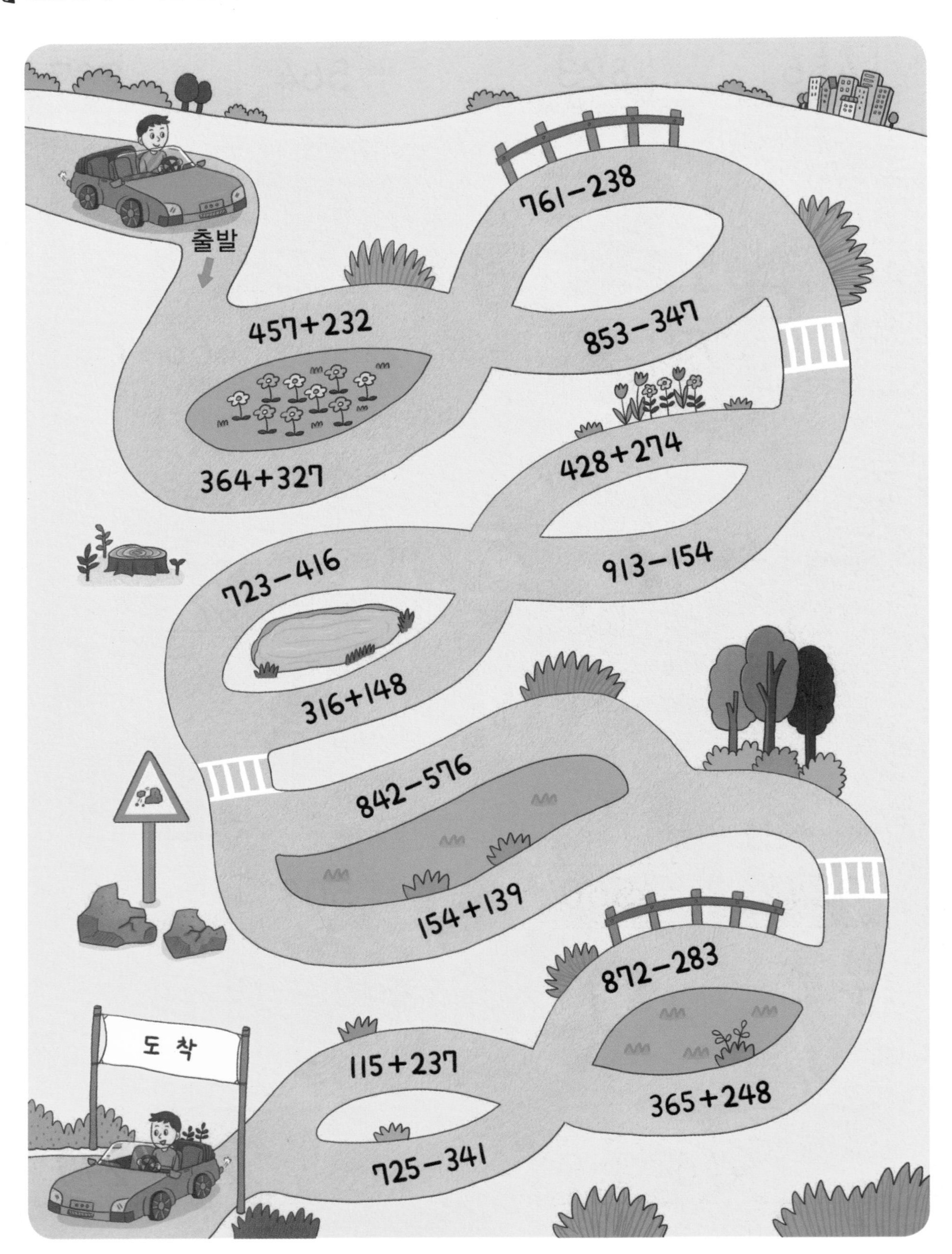

은주가 세 자리 수가 쓰여 있는 수 카드에 잉크를 쏟아 수가 다 보이지 않아요. 은주와 민석이가 말한 합과 차를 보고 잉크가 묻은 수 카드의 수를 구해 보세요.

➡ 잉크가 묻은 수 카드의 수: ☐

➡ 잉크가 묻은 수 카드의 수: ☐

4권 ǀ 곱셈표 / 세 자리 수의 덧셈과 뺄셈		일차	표준 시간	문제 개수
1주	I의 단, 0의 단 곱셈구구	1일차	3분	10개
		2일차	8분	48개
		3일차	8분	48개
		4일차	8분	48개
		5일차	6분	20개
2주	곱셈표	1일차	10분	30개
		2일차	12분	16개
		3일차	12분	16개
		4일차	15분	12개
		5일차	12분	7개
3주	받아올림이 없는 (세 자리 수) + (세 자리 수)	1일차	8분	33개
		2일차	8분	33개
		3일차	8분	33개
		4일차	8분	33개
		5일차	6분	20개
4주	받아올림이 I번 있는 (세 자리 수) + (세 자리 수)	1일차	9분	33개
		2일차	9분	33개
		3일차	9분	33개
		4일차	9분	33개
		5일차	7분	20개
5주	받아올림이 2번 있는 (세 자리 수) + (세 자리 수)	1일차	10분	33개
		2일차	10분	33개
		3일차	10분	33개
		4일차	10분	33개
		5일차	10분	18개
6주	받아올림이 3번 있는 (세 자리 수) + (세 자리 수)	1일차	11분	33개
		2일차	11분	33개
		3일차	11분	33개
		4일차	11분	33개
		5일차	10분	18개
7주	받아내림이 없는 (세 자리 수) − (세 자리 수)	1일차	8분	33개
		2일차	8분	33개
		3일차	8분	33개
		4일차	8분	33개
		5일차	6분	20개
8주	받아내림이 I번 있는 (세 자리 수) − (세 자리 수)	1일차	9분	33개
		2일차	9분	33개
		3일차	9분	33개
		4일차	9분	33개
		5일차	7분	20개
9주	받아내림이 2번 있는 (세 자리 수) − (세 자리 수)	1일차	10분	33개
		2일차	10분	33개
		3일차	10분	33개
		4일차	10분	33개
		5일차	10분	20개
10주	세 자리 수의 덧셈과 뺄셈 종합	1일차	10분	12개
		2일차	10분	12개
		3일차	13분	24개
		4일차	13분	28개
		5일차	12분	20개

메가 계산력 4권

17쪽

30쪽

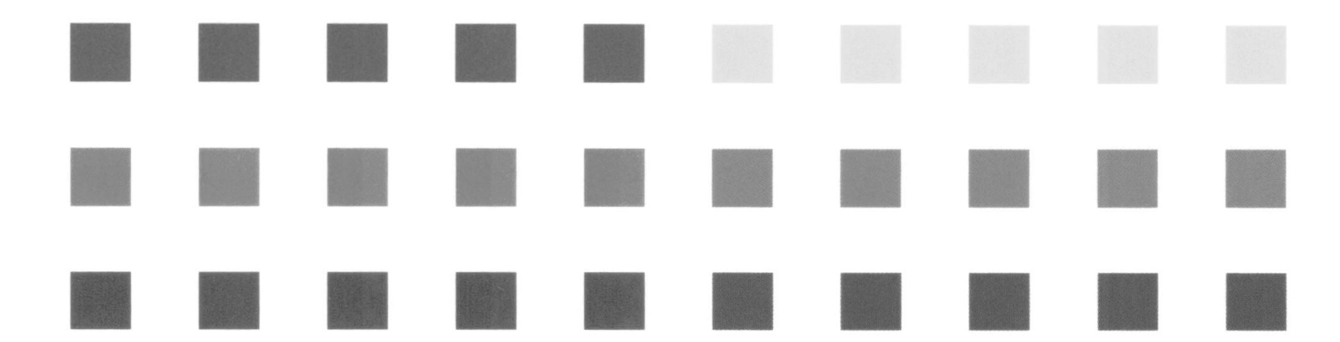

59쪽

238 366 527 438

114 179

86쪽

1일 10분
초등 메가
계산력

1일 10분
초등 메가
계산력

자기 주도 학습력을 높이는

1일 10분 습관의 힘

1일 10분

초등 메가 계산력

곱셈표 / 세 자리 수의 덧셈과 뺄셈

정답

메가스터디BOOKS

자기 주도 학습력을 높이는
1일 10분 습관의 힘

1일 10분

초등 메가 계산력

4권

초등 2학년

곱셈표 / 세 자리 수의 덧셈과 뺄셈

정답

메가 계산력 이것이 다릅니다!

수학, 왜 어려워할까요?

자연수

쉽게 느끼는 영역	어렵게 느끼는 영역
작은 수	큰 수
덧셈	뺄셈
덧셈, 뺄셈	곱셈, 나눗셈
곱셈	나눗셈
세 수의 덧셈, 세 수의 뺄셈	세 수의 덧셈과 뺄셈 혼합 계산
사칙연산의 혼합 계산	괄호를 포함한 혼합 계산

분수와 소수

쉽게 느끼는 영역	어렵게 느끼는 영역
배수	약수
통분	약분
소수의 덧셈, 뺄셈	분수의 덧셈, 뺄셈
분수의 곱셈, 나눗셈	소수의 곱셈, 나눗셈
분수의 곱셈과 나눗셈의 혼합계산	소수의 곱셈과 나눗셈의 혼합계산
사칙연산의 혼합 계산	괄호를 포함한 혼합 계산

아이들은 수와 연산을 습득하면서 나름의 난이도 기준이 생깁니다. 이때 '수학은 어려운 과목 또는 지루한 과목'이라는 덫에 한번 걸리면 트라우마가 되어 그 덫에서 벗어나기가 굉장히 어려워집니다.

"수학의 기본인 계산력이 부족하기 때문입니다."

계산력, "플로 스몰 스텝"으로 키운다!

1일 10분 초등 메가 계산력은 반복 학습 시스템 **"플로 스몰 스텝(flow small step)"**으로 구성하였습니다. **"플로 스몰 스텝(flow small step)"**이란, 학습 내용을 잘게 쪼개어 자연스럽게 단계를 밟아가며 학습하도록 하는 프로그램입니다. 이 방식에 따라 학습하다 보면 난이도가 높아지더라도 크게 어려움을 느끼지 않으면서 수학의 개념과 원리를 자연스럽게 깨우치게 되고, 수학을 어렵거나 지루한 과목이라고 느끼지 않게 됩니다.

1. 매일 꾸준히 하는 것이 중요합니다.

자전거 타는 방법을 한번 익히면 잘 잊어버리지 않습니다. 이것을 우리는 '체화되었다'라고 합니다. 자전거를 잘 타게 될 때까지 매일 넘어지고, 다시 달리고를 반복하기 때문입니다. 계산력도 마찬가지입니다.

계산의 원리와 순서를 이해해도 꾸준히 학습하지 않으면 바로 잊어버리기 쉽습니다. 계산을 잘하는 아이들은 문제 풀이 속도도 빠르고, 실수도 적습니다. 그것은 단기간에 얻을 수 있는 결과가 아닙니다. 지금 현재 잘하는 것처럼 보인다고 시간이 흐른 후에도 잘하는 것이 아닙니다. 자전거 타기가 완전히 체화되어서 자연스럽게 달리고 멈추기를 실수 없이 하게 될 때까지 매일 연습하듯, 계산력도 매일 꾸준히 연습해서 단련해야 합니다.

2. 빠른 것보다 정확하게 푸는 것이 중요합니다!

초등 교과 과정의 수학 교과서 "수와 연산" 영역에서는 문제에 대한 다양한 풀이법을 요구하고 있습니다. 왜 그럴까요?

기계적인 단순 반복 계산 훈련을 막기 위해서라기보다 더욱 빠르고 정확하게 문제를 해결하는 계산력 향상을 위해서입니다. 빠르고 정확한 계산을 하는 셈 방법에는 머리셈과 필산이 있습니다. 이제까지의 계산력 훈련으로는 손으로 직접 쓰는 필산만이 중요시되었습니다. 하지만 새 교육과정에서는 필산과 함께 머리셈을 더욱 강조하고 있으며 아이들에게도 이는 재미있는 도전이 될 것입니다. 그렇다고 해서 머리셈을 위한 계산 개념을 따로 공부해야 하는 것이 아닙니다. 체계적인 흐름에 따라 문제를 풀면서 자연스럽게 습득할 수 있어야 합니다.

초등 교과 과정에 맞춰 체계화된 1일 10분 초등 메가 계산력의
"플로 스몰 스텝(flow small step)" 프로그램으로 계산력을 키워 주세요.

계산력 향상은 중 · 고등 수학까지 연결되는 사고력 확장의 단단한 바탕입니다.

정답 1주 1의 단, 0의 단 곱셈구구

1일

6쪽

1 5, 5
2 3, 3
3 6, 6
4 4, 4
5 8, 8

7쪽

6 4, 0
7 5, 0
8 3, 0
9 6, 0
10 7, 0

2일

8쪽

1	0	9	0	17	0
2	0	10	3	18	7
3	1	11	0	19	0
4	0	12	0	20	0
5	0	13	8	21	2
6	5	14	0	22	0
7	0	15	0	23	6
8	9	16	4	24	0

9쪽

25	8	33	0	41	0
26	0	34	3	42	7
27	1	35	0	43	0
28	0	36	0	44	4
29	0	37	5	45	0
30	6	38	0	46	0
31	0	39	9	47	2
32	0	40	0	48	0

3일

10쪽

1	2	9	0	17	0
2	0	10	4	18	9
3	5	11	0	19	0
4	0	12	0	20	1
5	0	13	3	21	0
6	7	14	0	22	0
7	0	15	0	23	6
8	0	16	8	24	0

11쪽

25	0	33	0	41	7
26	1	34	0	42	0
27	0	35	3	43	2
28	0	36	0	44	0
29	6	37	4	45	0
30	0	38	0	46	5
31	0	39	9	47	0
32	8	40	0	48	0

4일

12쪽

번호	답	번호	답	번호	답
1	7	9	0	17	1
2	0	10	1	18	0
3	0	11	0	19	2
4	1	12	1	20	0
5	0	13	0	21	8
6	0	14	5	22	0
7	4	15	0	23	1
8	0	16	0	24	0

13쪽

번호	답	번호	답	번호	답
25	0	33	0	41	1
26	4	34	0	42	0
27	0	35	1	43	0
28	0	36	0	44	1
29	1	37	0	45	9
30	0	38	3	46	0
31	0	39	0	47	1
32	1	40	0	48	0

5일

14쪽

번호	답	번호	답
1	4	6	0
2	0	7	3
3	0	8	0
4	6	9	9
5	0	10	8

15쪽

번호	답	번호	답
11	8	16	0
12	4	17	3
13	0	18	6
14	5	19	7
15	0	20	9

생각 수학

정답 2주 곱셈표

1일

(위에서부터) 20쪽

1 3, 18 / 4, 24
2 8, 16 / 18, 36
3 2, 7 / 10, 35
4 36, 42 / 48, 56
5 40, 45 / 56, 63
6 10, 16 / 35, 56
7 12, 15 / 20, 25
8 20, 28 / 35, 49
9 9, 24 / 12, 32
10 12, 28 / 27, 63
11 21, 63 / 18, 54
12 4, 12 / 14, 42
13 6, 3 / 30, 15
14 24, 48 / 32, 64
15 25, 30 / 35, 42

(위에서부터) 21쪽

16 15, 27 / 20, 36
17 20, 32 / 45, 72
18 5, 9 / 25, 45
19 12, 30 / 16, 40
20 15, 20 / 21, 28
21 8, 18 / 28, 63
22 35, 45 / 42, 54
23 64, 32 / 72, 36
24 12, 21 / 16, 28
25 24, 36 / 54, 81
26 18, 21 / 48, 56
27 6, 14 / 21, 49
28 4, 8 / 20, 40
29 18, 54 / 24, 72
30 10, 35 / 14, 49

2일

(위에서부터) 22쪽

1 2, 8, 14 / 4, 16, 28 / 6, 24, 42
2 9, 15, 24 / 18, 30, 48 / 27, 45, 72
3 16, 24, 36 / 20, 30, 45 / 24, 36, 54
4 6, 14, 16 / 9, 21, 24 / 12, 28, 32
5 6, 18, 24 / 10, 30, 40 / 14, 42, 56
6 8, 10, 14 / 16, 20, 28 / 32, 40, 56
7 18, 48, 54 / 21, 56, 63 / 24, 64, 72
8 5, 25, 45 / 7, 35, 63 / 9, 45, 81

(위에서부터) 23쪽

9 12, 16, 24 / 21, 28, 42 / 24, 32, 48
10 3, 18, 24 / 5, 30, 40 / 9, 54, 72
11 6, 14, 18 / 24, 56, 72 / 27, 63, 81
12 8, 20, 36 / 12, 30, 54 / 16, 40, 72
13 4, 8, 12 / 6, 12, 18 / 16, 32, 48
14 15, 25, 35 / 18, 30, 42 / 21, 35, 49
15 12, 24, 27 / 32, 64, 72 / 36, 72, 81
16 10, 12, 14 / 25, 30, 35 / 35, 42, 49

3일

(위에서부터) 24쪽

1 2, 6, 12 / 4, 12, 24 / 6, 18, 36
2 12, 24, 27 / 20, 40, 45 / 28, 56, 63
3 8, 20, 28 / 12, 30, 42 / 16, 40, 56
4 6, 8, 12 / 21, 28, 42 / 27, 36, 54
5 20, 28, 36 / 25, 35, 45 / 40, 56, 72
6 9, 24, 27 / 21, 56, 63 / 27, 72, 81
7 2, 12, 14 / 6, 36, 42 / 9, 54, 63
8 12, 15, 24 / 24, 30, 48 / 32, 40, 64

(위에서부터) 25쪽

9 10, 30, 35 / 12, 36, 42 / 14, 42, 49
10 8, 10, 18 / 12, 15, 27 / 16, 20, 36
11 21, 42, 56 / 24, 48, 64 / 27, 54, 72
12 15, 21, 27 / 20, 28, 36 / 25, 35, 45
13 2, 8, 12 / 4, 16, 24 / 8, 32, 48
14 15, 40, 45 / 21, 56, 63 / 27, 72, 81
15 6, 12, 15 / 12, 24, 30 / 18, 36, 45
16 6, 14, 16 / 15, 35, 40 / 24, 56, 64

4일

(위에서부터) 26쪽

1 2, 8, 12, 16 / 3, 12, 18, 24 / 5, 20, 30, 40 / 7, 28, 42, 56

2 12, 20, 28, 36 / 15, 25, 35, 45 / 18, 30, 42, 54 / 24, 40, 56, 72

3 4, 8, 12, 16 / 6, 12, 18, 24 / 14, 28, 42, 56 / 18, 36, 54, 72

4 12, 20, 28, 32 / 18, 30, 42, 48 / 24, 40, 56, 64 / 27, 45, 63, 72

5 8, 10, 12, 18 / 20, 25, 30, 45 / 28, 35, 42, 63 / 36, 45, 54, 81

6 3, 9, 21, 27 / 4, 12, 28, 36 / 6, 18, 42, 54 / 8, 24, 56, 72

(위에서부터) 27쪽

7 4, 8, 14, 18 / 10, 20, 35, 45 / 16, 32, 56, 72 / 18, 36, 63, 81

8 9, 15, 18, 24 / 18, 30, 36, 48 / 21, 35, 42, 56 / 27, 45, 54, 72

9 8, 10, 14, 18 / 16, 20, 28, 36 / 20, 25, 35, 45 / 32, 40, 56, 72

10 3, 9, 18, 24 / 4, 12, 24, 32 / 6, 18, 36, 48 / 7, 21, 42, 56

11 6, 8, 14, 16 / 15, 20, 35, 40 / 18, 24, 42, 48 / 24, 32, 56, 64

12 6, 15, 18, 27 / 8, 20, 24, 36 / 14, 35, 42, 63 / 18, 45, 54, 81

5일

28쪽

1 3, 6, 9, 12, 15, 18, 21, 24, 27

2 5, 10, 15, 20, 25, 30, 35, 40, 45

3 8, 16, 24, 32, 40, 48, 56, 64, 72

4 4, 8, 12, 16, 20, 24, 28, 32, 36

5 7, 14, 21, 28, 35, 42, 49, 56, 63

6 6, 12, 18, 24, 30, 36, 42, 48, 54

29쪽

(위에서부터)
0, 0, 0, 0, 0, 0, 0 /
1, 2, 4, 5, 6, 8, 9 /
0, 4, 6, 10, 12, 14, 16 /
3, 6, 12, 15, 21, 24, 27 /
0, 4, 12, 16, 24, 32, 36 /
0, 10, 15, 25, 35, 40, 45 /
6, 18, 24, 30, 36, 42, 54 /
0, 14, 21, 28, 42, 49, 56 /
0, 8, 16, 32, 40, 56, 72 /
0, 9, 18, 27, 45, 54, 72

생각 수학

30쪽

8	12	24
36	48	54

×	0	1	2	3	4	5	6	7	8	9
0										
1										
2										
3										
4										
5										
6										
7										
8										
9										

31쪽

×	4	㉡ 6
㉠ 2	8	12
5	20	30

4×㉠=8이므로 ㉠=2예요.
㉡×5=30이므로 ㉡=6이에요.

1

×	3	5
4	12	20
8	24	40

2

×	2	9
3	6	27
6	12	54

3

×	1	4	8
5	5	20	40
7	7	28	56
9	9	36	72

4

×	6	7
3	18	21
9	54	63

5

×	5	9
4	20	36
8	40	72

6

×	5	7	9
2	10	14	18
3	15	21	27
6	30	42	54

정답 3주 받아올림이 없는 (세 자리 수) + (세 자리 수)

1일

34쪽

1 424
2 676
3 688
4 879
5 896
6 636
7 467
8 667
9 659
10 929
11 466
12 585
13 766
14 999
15 889

35쪽

16 439
17 555
18 787
19 797
20 879
21 665
22 299
23 637
24 867
25 978
26 997
27 755
28 659
29 889
30 539
31 497
32 795
33 599

2일

36쪽

1 318
2 659
3 892
4 738
5 893
6 557
7 427
8 846
9 874
10 939
11 339
12 778
13 856
14 996
15 749

37쪽

16 536
17 673
18 794
19 653
20 776
21 677
22 718
23 758
24 747
25 568
26 754
27 985
28 693
29 766
30 645
31 762
32 477
33 969

3일

38쪽

1 438
2 646
3 959
4 898
5 729
6 985
7 788
8 975
9 838
10 939
11 789
12 667

39쪽

13 256
14 585
15 579
16 826
17 985
18 789
19 478
20 638
21 542
22 755
23 928
24 389
25 666
26 669
27 665
28 368
29 463
30 645
31 691
32 864
33 748

4일

40쪽

1 204
2 585
3 767
4 548
5 468
6 778
7 676
8 989
9 499
10 745
11 988
12 783

41쪽

13 824
14 878
15 815
16 793
17 688
18 585
19 834
20 759
21 949
22 766
23 955
24 424
25 887
26 858
27 866
28 469
29 957
30 833
31 779
32 789
33 776

5일

42쪽

1 358
2 553
3 819
4 698
5 487
6 925
7 394
8 687
9 679
10 486

43쪽

11 787
12 455
13 784
14 838
15 378
16 883
17 884
18 696
19 777
20 665

생각 수학

44쪽

45쪽

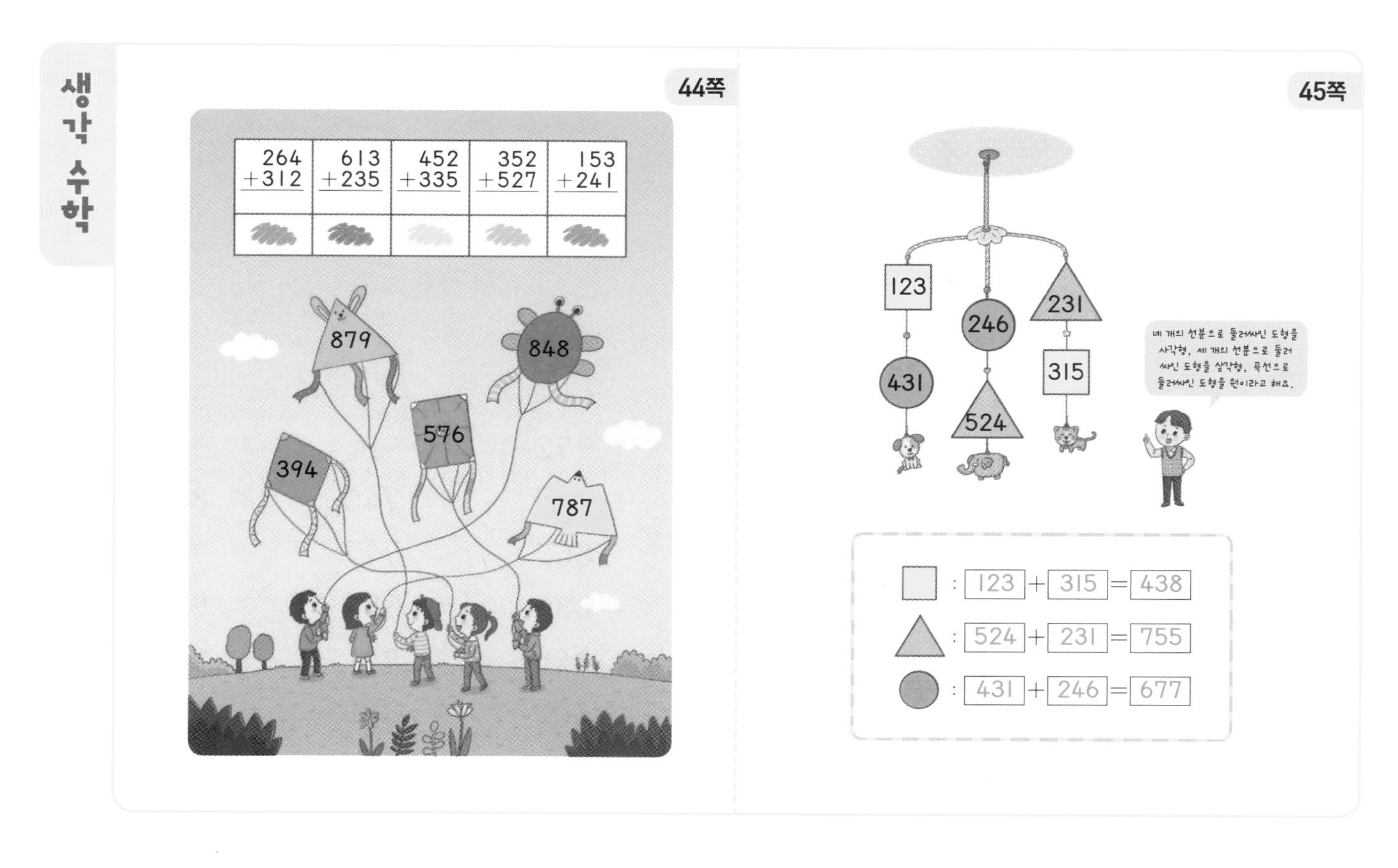

정답 4주 받아올림이 I번 있는 (세 자리 수) + (세 자리 수)

1일

48쪽

1	340	6	714	11	483
2	929	7	452	12	972
3	707	8	753	13	383
4	781	9	980	14	835
5	505	10	741	15	918

49쪽

16	681	22	744	28	596
17	395	23	942	29	516
18	837	24	672	30	932
19	719	25	916	31	818
20	545	26	524	32	671
21	970	27	928	33	645

2일

50쪽

1	382	6	824	11	648
2	731	7	837	12	925
3	760	8	972	13	319
4	655	9	682	14	860
5	891	10	972	15	765

51쪽

16	672	22	965	28	970
17	792	23	625	29	574
18	816	24	733	30	826
19	827	25	573	31	975
20	538	26	468	32	564
21	873	27	951	33	606

3일

52쪽

1	395	5	852	9	718
2	590	6	941	10	373
3	890	7	833	11	881
4	316	8	923	12	627

53쪽

13	992	20	914	27	913
14	772	21	740	28	881
15	662	22	797	29	766
16	836	23	752	30	567
17	841	24	991	31	750
18	418	25	881	32	514
19	867	26	913	33	949

4일

54쪽

1 863	5 582	9 715
2 872	6 907	10 640
3 593	7 791	11 761
4 945	8 564	12 764

55쪽

13 982	20 714	27 813
14 441	21 753	28 664
15 850	22 907	29 762
16 774	23 633	30 951
17 871	24 913	31 743
18 912	25 759	32 725
19 891	26 974	33 886

5일

56쪽

1 391	6 827
2 937	7 951
3 755	8 608
4 736	9 918
5 727	10 942

57쪽

11 565	16 826
12 844	17 920
13 882	18 594
14 944	19 906
15 423	20 814

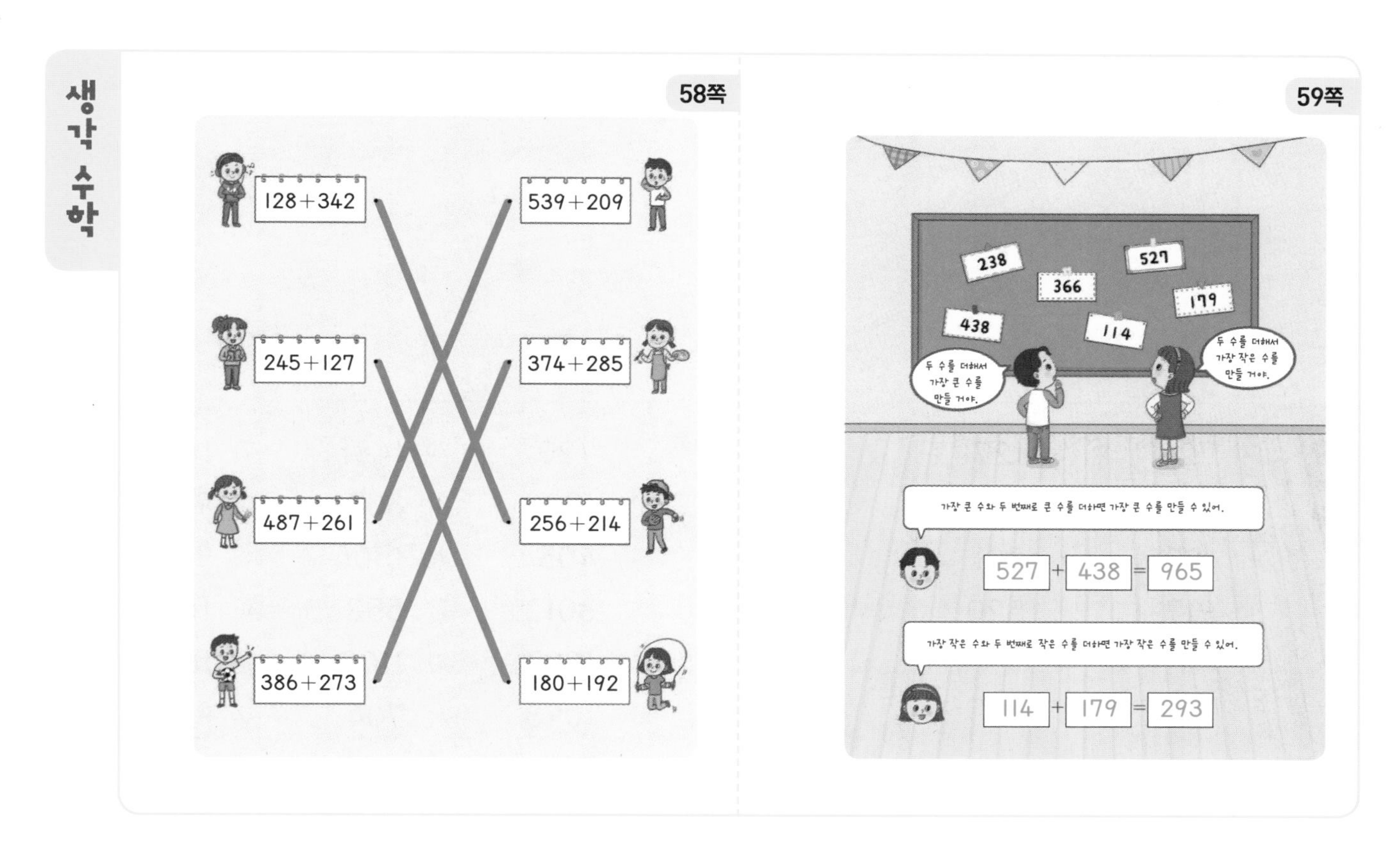

정답 

받아올림이 2번 있는 (세 자리 수) + (세 자리 수)

1일

62쪽

번호	답	번호	답	번호	답
1	500	6	721	11	900
2	1107	7	801	12	1118
3	602	8	1418	13	663
4	801	9	945	14	606
5	1281	10	1561	15	945

63쪽

번호	답	번호	답	번호	답
16	530	22	1456	28	870
17	931	23	913	29	1218
18	1339	24	1178	30	904
19	731	25	1262	31	1342
20	1182	26	603	32	915
21	903	27	1179	33	1361

2일

64쪽

번호	답	번호	답	번호	답
1	421	6	1628	11	335
2	1117	7	971	12	1268
3	1490	8	854	13	726
4	370	9	1585	14	602
5	506	10	1136	15	1462

65쪽

번호	답	번호	답	번호	답
16	604	22	922	28	1139
17	841	23	1280	29	980
18	1228	24	921	30	833
19	1087	25	723	31	1191
20	912	26	1159	32	802
21	1808	27	1391	33	1590

3일

66쪽

번호	답	번호	답	번호	답
1	723	5	1271	9	1328
2	807	6	1369	10	400
3	1206	7	801	11	902
4	917	8	520	12	1082

67쪽

번호	답	번호	답	번호	답
13	720	20	1481	27	1109
14	1229	21	807	28	933
15	405	22	1506	29	902
16	801	23	552	30	1187
17	1227	24	1109	31	1682
18	1093	25	704	32	903
19	742	26	1195	33	1336

4일

68쪽

1	1087	5	465	9	1290
2	706	6	1306	10	644
3	1126	7	682	11	902
4	948	8	604	12	1591

69쪽

13	911	20	1360	27	706
14	761	21	611	28	1067
15	1217	22	1349	29	1419
16	1132	23	832	30	615
17	433	24	1274	31	1691
18	903	25	761	32	1234
19	1606	26	1336	33	871

5일

70쪽

1	624	6	1258
2	1209	7	812
3	1495	8	1185
4	734	9	910
5	842	10	1129

71쪽

(위에서부터)

11	654, 1087	15	1579, 861
12	1381, 851	16	823, 1174
13	801, 1544	17	346, 861
14	863, 1197	18	1429, 763

생각 수학

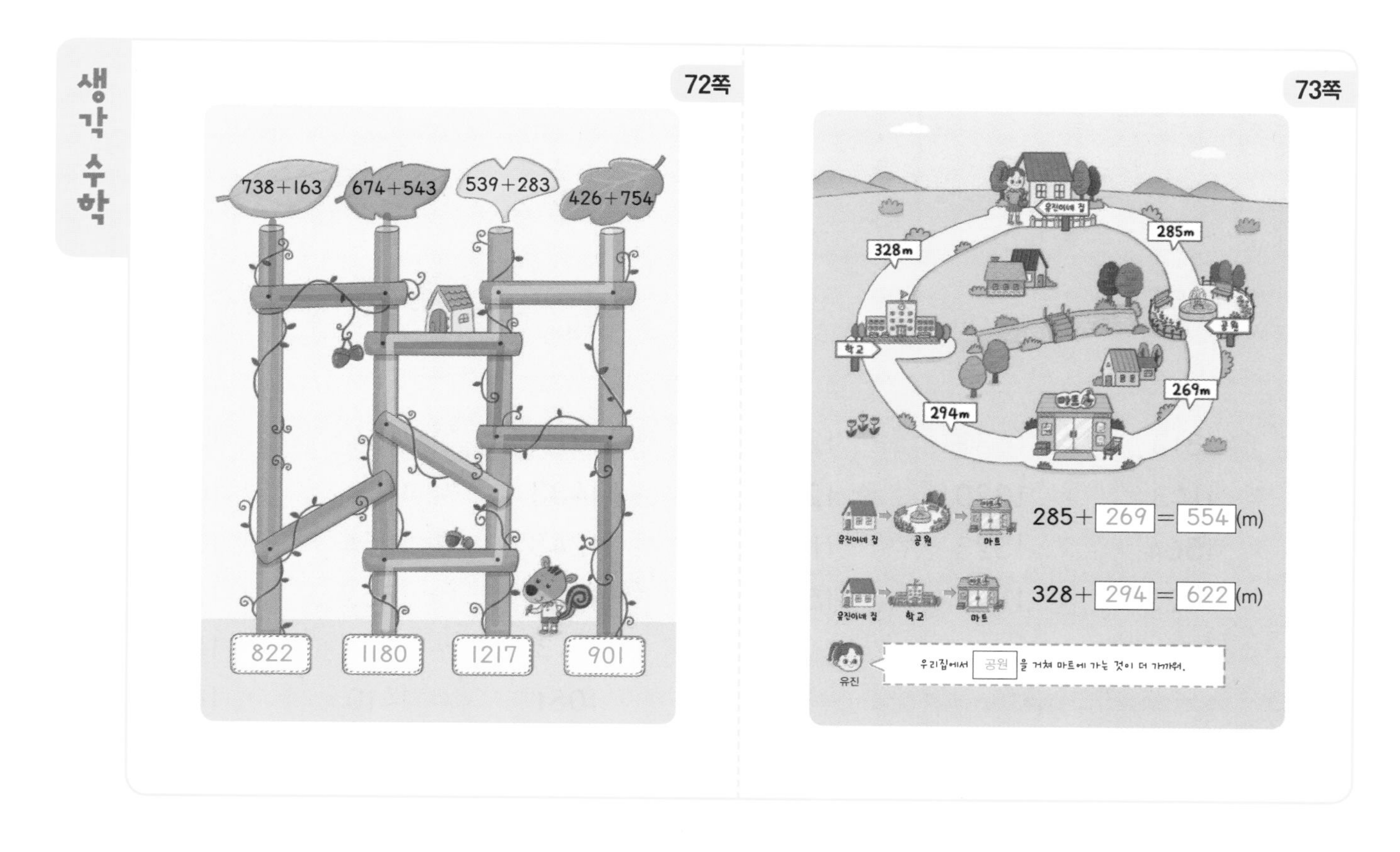

정답 6주 받아올림이 3번 있는 (세 자리 수) + (세 자리 수)

1일

76쪽

번호	답	번호	답	번호	답
1	1000	6	1390	11	1012
2	1120	7	1642	12	1314
3	1223	8	1116	13	1230
4	1231	9	1111	14	1131
5	1151	10	1222	15	1322

77쪽

번호	답	번호	답	번호	답
16	1143	22	1312	28	1252
17	1121	23	1322	29	1823
18	1414	24	1026	30	1015
19	1145	25	1324	31	1240
20	1254	26	1606	32	1247
21	1031	27	1031	33	1244

2일

78쪽

번호	답	번호	답	번호	답
1	1125	6	1422	11	1112
2	1022	7	1218	12	1555
3	1160	8	1541	13	1320
4	1241	9	1344	14	1512
5	1220	10	1035	15	1313

79쪽

번호	답	번호	답	번호	답
16	1723	22	1233	28	1232
17	1224	23	1421	29	1232
18	1131	24	1254	30	1060
19	1132	25	1540	31	1273
20	1013	26	1003	32	1425
21	1130	27	1233	33	1033

3일

80쪽

번호	답	번호	답	번호	답
1	1313	5	1632	9	1250
2	1143	6	1220	10	1221
3	1564	7	1323	11	1125
4	1323	8	1142	12	1511

81쪽

번호	답	번호	답	번호	답
13	1211	20	1164	27	1240
14	1433	21	1134	28	1013
15	1248	22	1254	29	1026
16	1012	23	1362	30	1132
17	1143	24	1410	31	1133
18	1081	25	1410	32	1402
19	1135	26	1213	33	1222

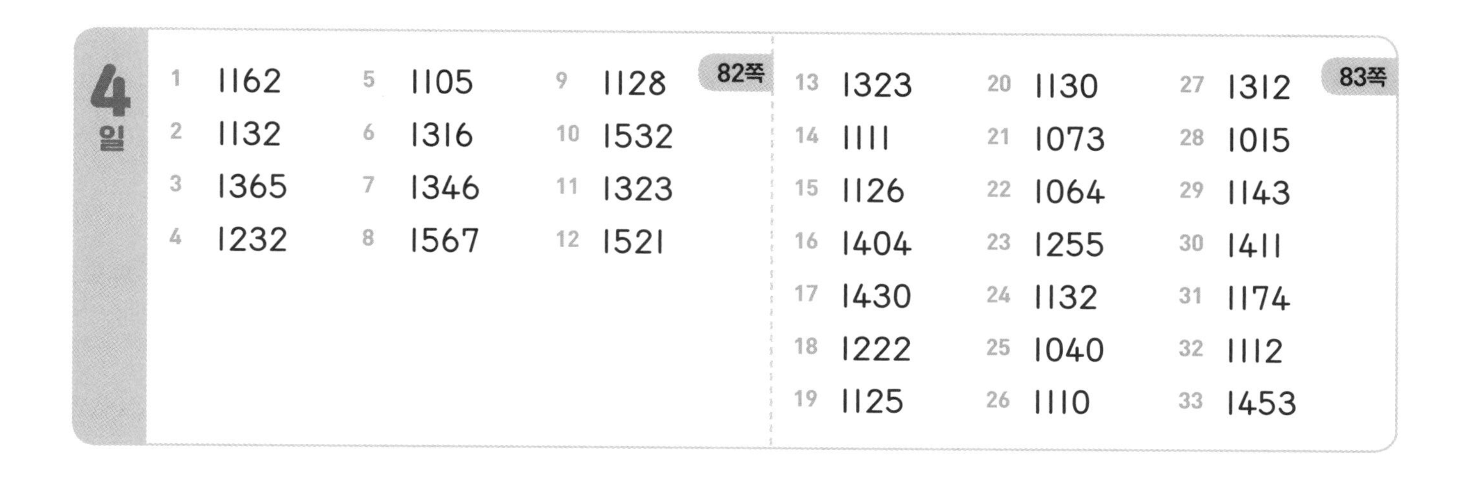

4일

82쪽

1	1162	5	1105	9	1128
2	1132	6	1316	10	1532
3	1365	7	1346	11	1323
4	1232	8	1567	12	1521

83쪽

13	1323	20	1130	27	1312
14	1111	21	1073	28	1015
15	1126	22	1064	29	1143
16	1404	23	1255	30	1411
17	1430	24	1132	31	1174
18	1222	25	1040	32	1112
19	1125	26	1110	33	1453

5일

84쪽

1	1332	6	1603
2	1323	7	1224
3	1014	8	1013
4	1341	9	1405
5	1520	10	1414

85쪽

11	1222 / 1231	15	1225 / 1012
12	1120 / 1144	16	1221 / 1014
13	1114 / 1417	17	1435 / 1107
14	1366 / 1401	18	1124 / 1423

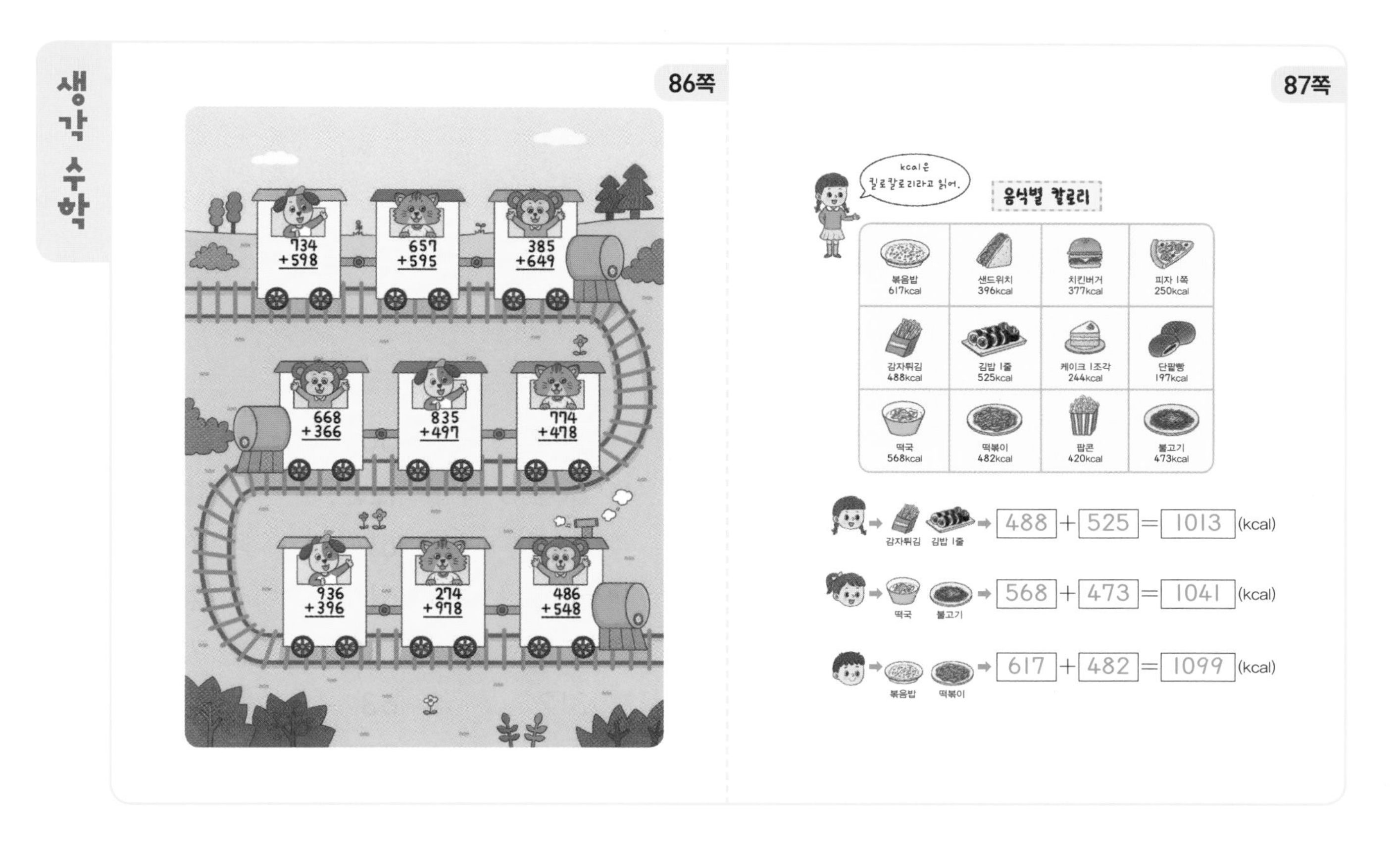

정답 7주 받아내림이 없는 (세 자리 수) — (세 자리 수)

1일

90쪽

1	31	6	224	11	213
2	115	7	221	12	134
3	150	8	112	13	224
4	211	9	314	14	312
5	623	10	141	15	742

91쪽

16	161	22	376	28	115
17	104	23	13	29	323
18	630	24	244	30	453
19	153	25	507	31	316
20	606	26	203	32	40
21	244	27	270	33	224

2일

92쪽

1	411	6	625	11	113
2	261	7	143	12	544
3	230	8	253	13	62
4	323	9	426	14	134
5	580	10	213	15	221

93쪽

16	213	22	444	28	230
17	205	23	130	29	92
18	221	24	206	30	682
19	33	25	712	31	315
20	172	26	116	32	144
21	230	27	214	33	233

3일

94쪽

1	124	5	403	9	204
2	231	6	322	10	661
3	401	7	412	11	159
4	235	8	831	12	212

95쪽

13	247	20	304	27	443
14	802	21	122	28	120
15	242	22	614	29	712
16	533	23	613	30	24
17	151	24	130	31	722
18	312	25	63	32	425
19	235	26	527	33	382

4일

96쪽

1	352	5	332	9	612
2	141	6	112	10	40
3	320	7	205	11	221
4	216	8	724	12	100

97쪽

13	514	20	341	27	321
14	210	21	660	28	50
15	220	22	120	29	260
16	307	23	862	30	221
17	75	24	141	31	177
18	233	25	142	32	401
19	511	26	602	33	453

5일

98쪽

1	641	6	140
2	106	7	231
3	540	8	211
4	343	9	332
5	71	10	310

99쪽

11	333	16	473
12	233	17	160
13	423	18	123
14	441	19	21
15	122	20	451

생각 수학

100쪽

101쪽

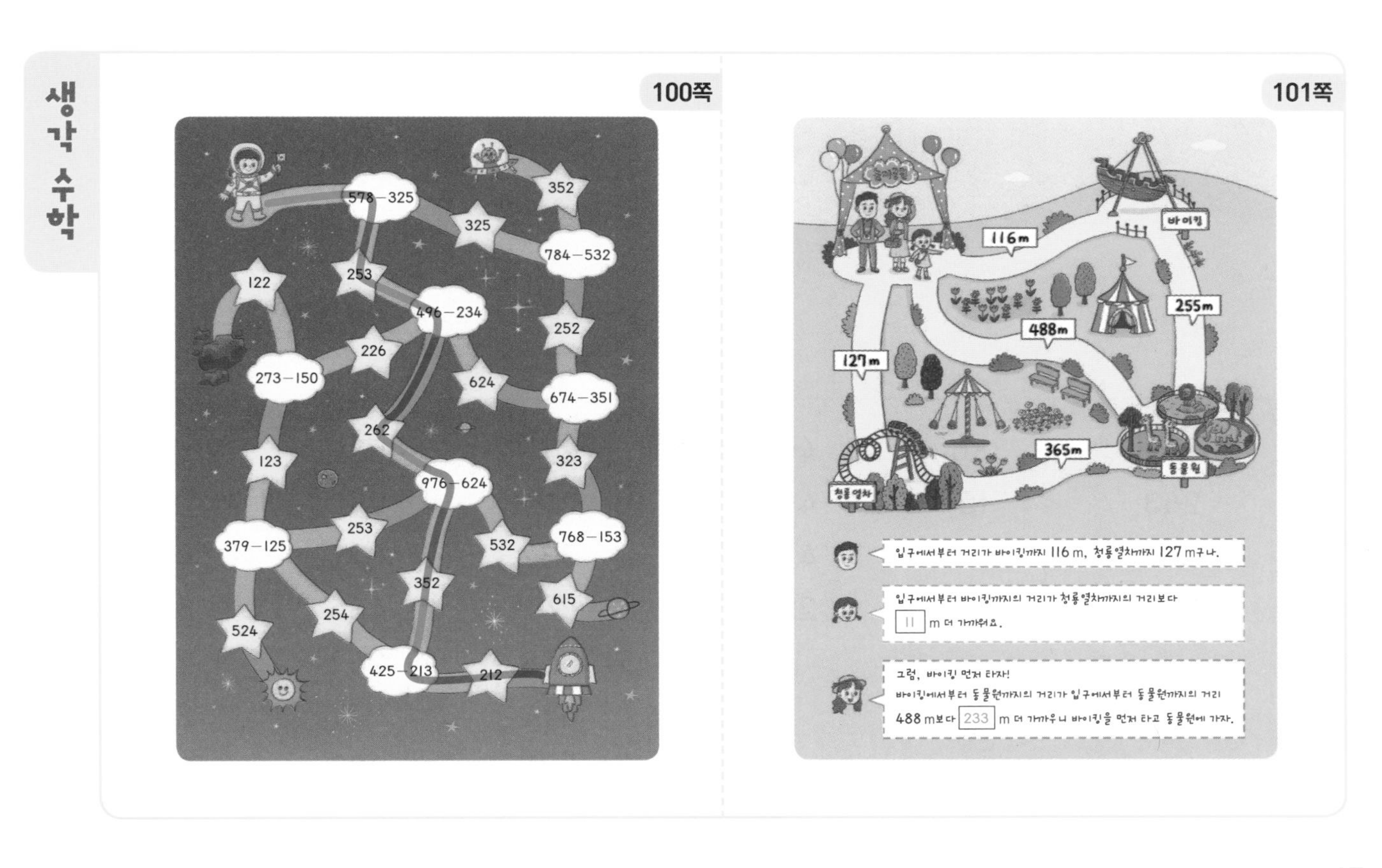

정답 8주 받아내림이 1번 있는 (세 자리 수) — (세 자리 수)

1일

104쪽

1	6	6	36	11	143
2	109	7	219	12	191
3	205	8	136	13	691
4	506	9	164	14	683
5	336	10	472	15	384

105쪽

16	308	22	507	28	362
17	117	23	218	29	291
18	348	24	426	30	196
19	127	25	295	31	481
20	519	26	532	32	185
21	227	27	394	33	292

2일

106쪽

1	189	6	627	11	151
2	238	7	127	12	484
3	309	8	568	13	392
4	328	9	126	14	344
5	518	10	353	15	275

107쪽

16	424	22	337	28	378
17	428	23	206	29	284
18	207	24	517	30	181
19	218	25	376	31	495
20	206	26	282	32	143
21	449	27	257	33	362

3일

108쪽

1	337	5	386	9	407
2	263	6	715	10	492
3	132	7	208	11	419
4	325	8	563	12	251

109쪽

13	271	20	539	27	184
14	218	21	291	28	159
15	332	22	425	29	452
16	128	23	485	30	517
17	558	24	263	31	219
18	694	25	116	32	261
19	625	26	393	33	724

4일

110쪽

1	108	5	159	9	281
2	247	6	217	10	387
3	414	7	642	11	628
4	182	8	691	12	373

111쪽

13	393	20	309	27	172
14	106	21	143	28	215
15	424	22	243	29	238
16	262	23	504	30	387
17	605	24	219	31	193
18	169	25	351	32	207
19	497	26	319	33	363

5일

112쪽

1	418	6	153
2	474	7	324
3	207	8	428
4	291	9	682
5	127	10	485

113쪽

11	276	16	208
12	207	17	474
13	607	18	495
14	762	19	107
15	226	20	153

생각 수학

114쪽 115쪽

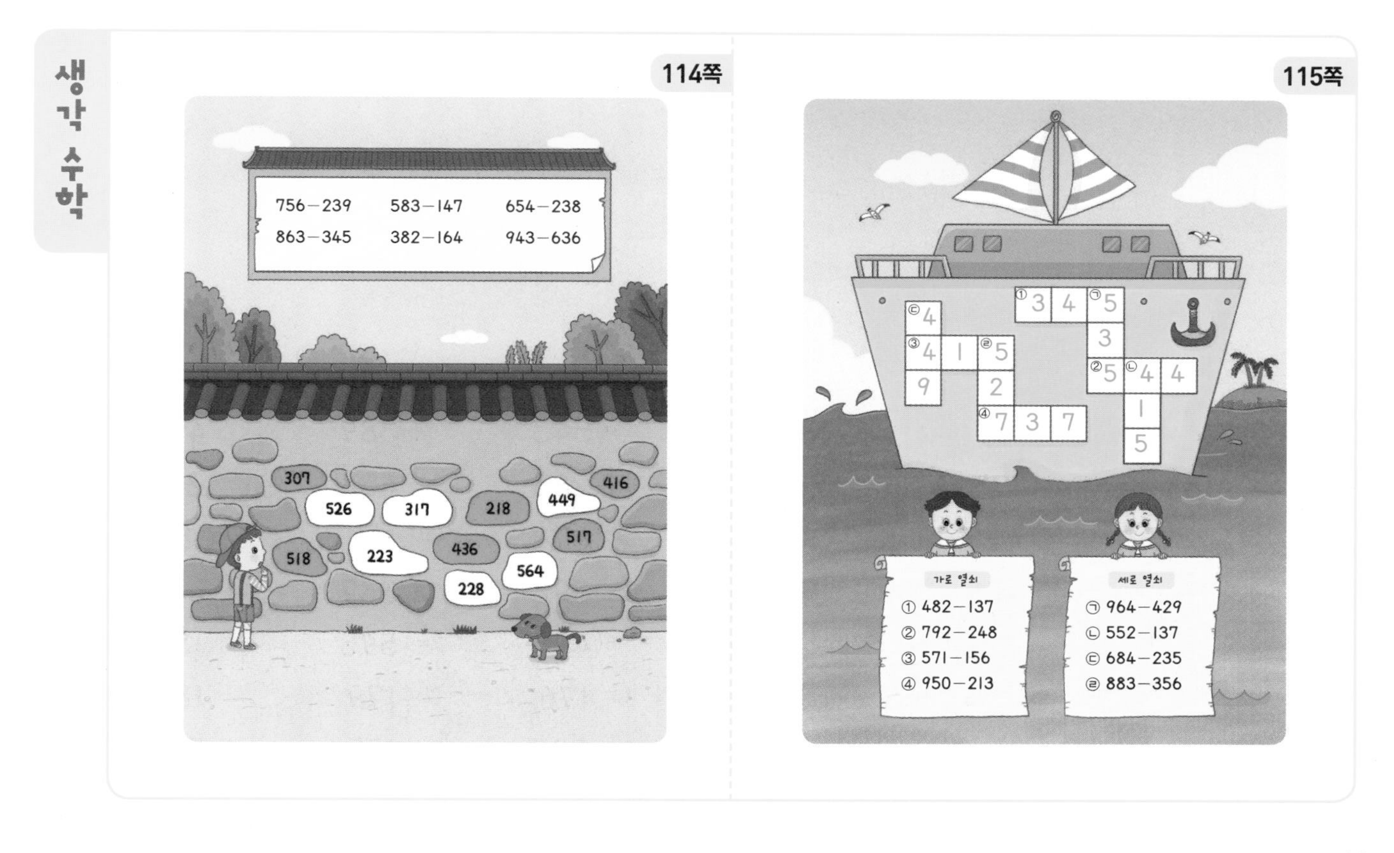

정답 9주 받아내림이 2번 있는 (세 자리 수) — (세 자리 수)

1일

118쪽

1 175
2 187
3 195
4 367
5 89
6 108
7 178
8 156
9 168
10 565
11 136
12 252
13 275
14 396
15 175

119쪽

16 278
17 399
18 297
19 258
20 197
21 96
22 199
23 456
24 489
25 198
26 88
27 597
28 296
29 179
30 356
31 175
32 288
33 239

2일

120쪽

1 187
2 175
3 576
4 189
5 327
6 378
7 469
8 273
9 166
10 578
11 488
12 283
13 398
14 662
15 276

121쪽

16 174
17 299
18 238
19 657
20 188
21 356
22 465
23 239
24 167
25 487
26 195
27 286
28 289
29 458
30 377
31 188
32 265
33 249

3일

122쪽

1 68
2 189
3 277
4 258
5 196
6 177
7 487
8 555
9 186
10 284
11 205
12 395

123쪽

13 543
14 288
15 676
16 398
17 476
18 176
19 489
20 389
21 458
22 149
23 387
24 595
25 179
26 185
27 496
28 265
29 188
30 587
31 183
32 186
33 558

4일

124쪽

1	213	5	464	9	146
2	124	6	273	10	276
3	574	7	179	11	287
4	178	8	173	12	338

125쪽

13	198	20	475	27	168
14	296	21	279	28	269
15	478	22	158	29	387
16	347	23	465	30	498
17	146	24	195	31	169
18	588	25	638	32	179
19	329	26	277	33	334

5일

126쪽

1	288	6	337
2	323	7	458
3	236	8	164
4	693	9	245
5	185	10	174

127쪽

11	464	16	369
12	566	17	163
13	244	18	566
14	573	19	276
15	139	20	487

생각 수학

128쪽

129쪽

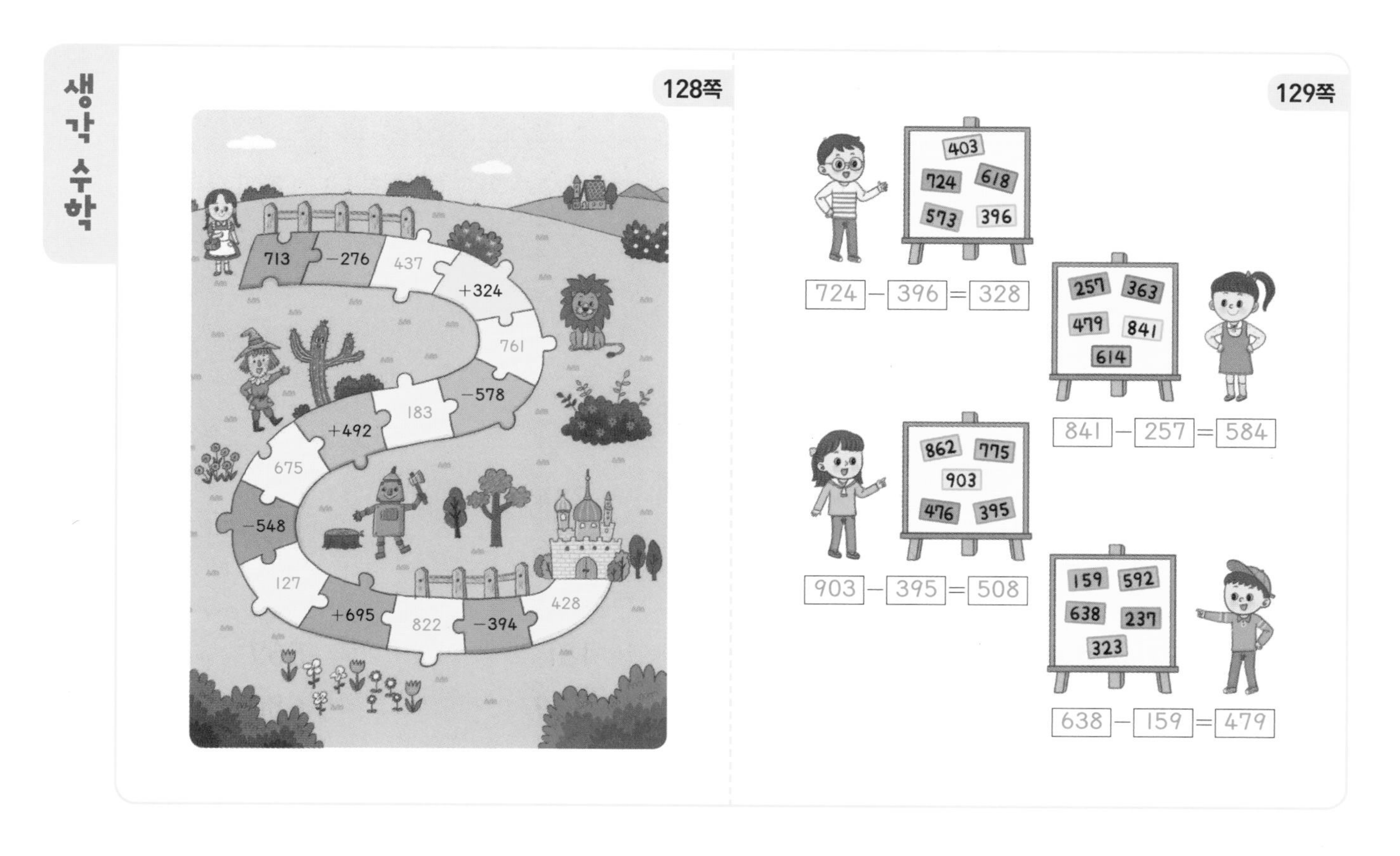

정답 10주 세 자리 수의 덧셈과 뺄셈 종합

1일

132쪽

1 532, 465 / (○)( )
2 402, 417 / ( )(○)
3 394, 418 / ( )(○)
4 421, 442 / ( )(○)
5 245, 242 / (○)( )
6 742, 826 / ( )(○)

133쪽

7 360, 356 / ( )(△)
8 233, 301 / (△)( )
9 463, 373 / ( )(△)
10 632, 670 / (△)( )
11 289, 337 / (△)( )
12 259, 201 / ( )(△)

2일

134쪽

1 330, 333 / ( )(○)
2 381, 439 / ( )(○)
3 267, 266 / (○)( )
4 345, 362 / ( )(○)
5 945, 942 / (○)( )
6 434, 460 / ( )(○)

135쪽

7 366, 348 / ( )(△)
8 435, 365 / ( )(△)
9 950, 954 / (△)( )
10 326, 327 / (△)( )
11 297, 307 / (△)( )
12 604, 583 / ( )(△)

3일

136쪽

1 239
2 224
3 125
4 457
5 656
6 366
7 359
8 241
9 316
10 362
11 538
12 366

137쪽

13 284
14 346
15 446
16 181
17 339
18 233
19 609
20 512
21 457
22 567
23 680
24 557

4일

138쪽

번호	답	번호	답
1	382	8	220
2	397	9	171
3	588	10	152
4	567	11	622
5	447	12	148
6	318	13	167
7	847	14	368

139쪽

번호	답	번호	답
15	525	22	674
16	479	23	167
17	941	24	364
18	227	25	643
19	476	26	316
20	109	27	348
21	688	28	346

5일

140쪽

번호	답	번호	답
1	372	6	177
2	754	7	143
3	208	8	366
4	794	9	352
5	427	10	185

141쪽

번호	답	번호	답
11	367	16	277
12	622	17	169
13	558	18	179
14	236	19	342
15	812	20	531

생각 수학

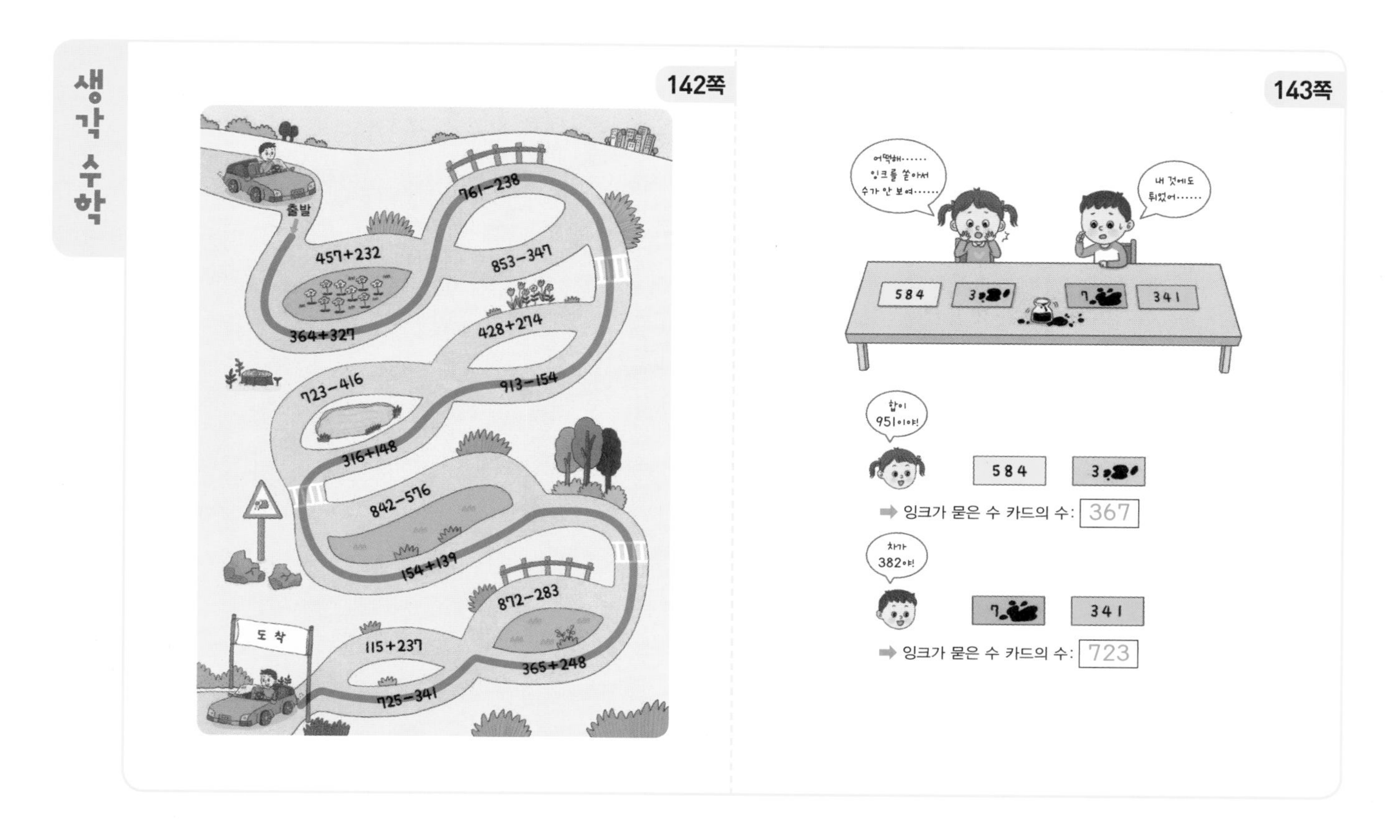

메모

1일 10분

초등 메가 계산력

정답

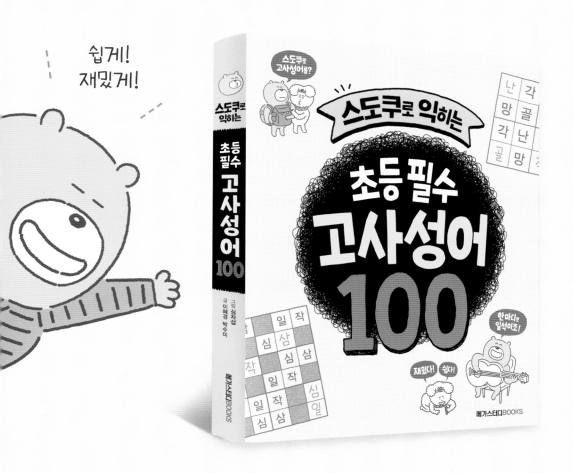